Ute Rott

Supernasen

Leben mit jagdbegeisterten Hunden

PhiloCanis Verlag

Bibliografische Information der Deutschen Nationalbibliothek:
Die Deutsche Nationalbibliothek verzeichnet diese Publikation in der Deutschen Nationalbibliografie; detaillierte bibliografische Daten sind im Internet über http://dnb.dnb.de abrufbar.

PhiloCanis Verlag
Metzelthin 22
17268 Templin
mail: ute.rott@yahoo.com
www.forsthaus-metzelthin.de

Lektorat: Nicole Huber, https://rechtsuebersetzungen-huber.de
Satz & Layout: Franz Sonnenstatter, Hausham

Herstellung:
BoD – Books on Demand, Norderstedt

ISBN: 978-3-94854804-9

Supernasen

Inhalt

Vorwort

Wenn eine andere Person ein Buch zu einem Thema schreibt, für das man selbst unendliche Leidenschaft hegt, kann das sehr zwiespältige Gefühle auslösen. Bei mir ist das zumindest so. Beim Jagdverhalten bin ich empfindlich!
Zu viele Hunde werden ihr Leben lang missverstanden, zu viele Hunde leiden darunter, dass ihnen etwas abgewöhnt werden soll, das ein wichtiger Teil ihrer Persönlichkeit ist, zu viele Hunde werden in ihrem Können unterschätzt und mit lächerlichen Ersatzhandlungen für dumm verkauft. Ganz abgesehen davon, dass ich den Begriff „im Gehorsam stehen" einfach nicht mehr hören kann, weil er meist mit der Erwartung einhergeht, der Hund wäre geboren, um zu dienen.
Deswegen mag ich Bücher über jagende Hunde eigentlich nicht mehr lesen.

Bei diesem hier habe ich es dennoch getan. Zum einen, weil ich andere Texte der Autorin kenne und sie sehr positiv wahrgenommen habe, zum anderen war ich neugierig und ein wenig hoffnungsvoll.

Um es kurz zu machen (Sie wollen schließlich jetzt dieses Buch lesen und nicht mein Vorwort): Ich wurde nicht enttäuscht. Ute Rott ist in keine der Fallen getappt, die der Umgang mit einem so komplexen Verhalten wie dem Jagen mit sich bringt.
Sie bleibt stets respektvoll den Hunden und Wildtieren gegenüber, berichtet auf äußerst unterhaltsame Weise von ihren eigenen, langjährigen Erfahrungen und baut über (nicht nur) kynologisches Fachwissen Verständnis für alle beschriebenen Vorgänge auf.

Praktische Tipps für den Umgang mit unterschiedlichen Situationen, die zwangsläufig beim Spazierengehen auftreten, fließen locker in den Text ein und sind auch für absolute Laien leicht und freundlich umzusetzen.

Besonders erfreut war ich unter anderem über den Humor, der immer wieder aufblitzt. Es gibt für mich in diesem Bereich nichts Schlimmeres, als todernste Abhandlungen über ein Lebewesen, dem wir mit Lachen und guter Stimmung so viel mehr an Lebensqualität bieten könnten. Uns selbst übrigens auch!

Sie haben, als Sie dieses Buch in die Hand genommen haben, eine ausgezeichnete Wahl getroffen und ich wünsche Ihnen ebensolches Vergnügen beim Lesen, wie ich es hatte.

Ulli Reichmann, Wien im Mai 2022

1. Jagen – nur ein Hundevergnügen?

Wenn Menschen über das Jagdverhalten ihrer Hunde reden, dann hört sich das meistens nicht sehr nett an. Vorwürfe über Vorwürfe hageln auf den Hund herab. Denn er ist überhaupt nicht kooperativ, blendet unverschämterweise die Anwesenheit seines Menschen komplett aus, interessiert sich nicht im geringsten für den Mittelpunkt seiner Hundewelt ... Das Einzige, was den Vierbeiner dann noch interessiert, ist das Mauseloch, der Maulwurfshaufen, die Rehe, wahlweise Hasen auf der Wiese und was es an tierischen Versuchungen in der Welt sonst noch so gibt, und das geht überhaupt nicht. Denn das ist der klare Beweis dafür, dass er keine oder eine ganz schlechte Bindung an seinen Menschen hat.

Nachdem bei uns zwei Hunde leben, die sich ganz außerordentlich für das tierische Leben im Wald interessieren, der unser Haus umgibt, weiß ich sehr wohl, dass es nicht immer ganz einfach ist, mit solchen Hunden entspannt spazieren zu gehen. Aber ist das wirklich die Schuld der Hunde? Und hat das wirklich mit Desinteresse an uns oder einer schlechten Bindung zu tun?

Sehen wir uns doch mal an, welchen Freizeitbeschäftigungen Menschen frönen. Treiben Sie gerne Sport? Fußball oder Tennis? Oder segeln Sie gerne und nehmen auch mal an einer Regatta teil, egal ob aktiv oder als Zuschauer? Sammeln Sie irgendwas? Überraschungseier, Kaffeekannen oder Bierdeckel? Vielleicht lieben Sie auch Brettspiele wie Mensch-ärgere-dich-nicht oder Monopoly? Wenn Sie irgendeine der genannten Tätigkeiten tatsächlich gerne ausüben, geben Sie mir dann Recht, wenn ich sage, dass Sie gerne jagen? Denn was sind Fußball oder Tennis anderes als Jagdspiele? Auch eine Segelregatta oder ein anderer Wettbewerb – könnte man da nicht sagen, hier geht's um die Jagd nach Erfolgen und Pokalen? Oder Sammlerleidenschaft. Jagen Sammler nicht von einem Flohmarkt, einem Trödlerladen, einer Auktion zur anderen immer auf der Suche nach dem neuesten Objekt der Begierde? Bei den Brettspielen wollen Sie auch vor allen anderen die höchste Punktzahl haben – jagen Sie da etwa nach Punkten?

Haben Sie sich schon mal Gedanken darüber gemacht, wie sich manche Auto- oder Radfahrer im Straßenverkehr benehmen? Ich könnte Ihnen Geschichten aus meiner Zeit im Außendienst erzählen, wie ich mir Rennen mit anderen Autofahrern auf der Autobahn geliefert habe, da würden Ihnen die Haare zu Berge stehen. War das was anderes als eine Jagd?

Wenn mein Mann begeistert verfolgt, ob Bayern München auch dieses Jahr wieder Deutscher Meister wird, heißt das dann, dass er mich nicht liebt? Oder dass seine Bindung an mich sehr schlecht ist? Finden Sie das lustig? Ich auch. Denn ich weiß ganz genau, dass das nicht stimmt. Genauso wenig wie bei Hunden.

Und was ist mit den „richtigen" Jägern, mit denen, die tatsächlich mit Gewehr und allerhand mehr oder weniger sinnvoller Ausrüstung die Wälder und Wiesen unsicher machen? Die wirklich und wahrhaftig Tiere erschießen, entweder um sie zu essen oder als „Ungeziefer" zu beseitigen oder um mit ihnen als Trophäe zu protzen. Diese Jäger und Jägerinnen geben richtig viel Geld aus, damit sie das dürfen und sie werden von vielen Menschen sehr bewundert und beneidet. Ihre Tätigkeit wird nach wie vor von den meisten Menschen als nützlich und notwendig erachtet.

Aber wenn Ihr Hund ein Mäuschen ausgräbt, dann begeht er ein Verbrechen?

Wenn man sich das Verhalten von Mensch und Hund in den entsprechenden Situationen ansieht, dann messen wir wieder mal mit zweierlei Maß: das angeschossene Wildschwein, das sich mit blutendem Bauch ins Unterholz schleppt und dort elend verreckt, hat halt das Pech gehabt, dass der Jäger ein hundsmiserabler Schütze ist. Der Hund, der 200 Meter von seinem Menschen entfernt im Wald unterwegs ist und vielleicht (!!) ein Reh hetzen möchte, verdient per Gesetz die Todesstrafe, denn der Jäger darf ihn erschießen.

Jagen ist für Hunde etwas Essentielles. Sie tun das nicht, um uns zu ärgern oder um einen nicht zu bändigenden Jagdtrieb zu befriedigen, sie jagen oder führen die einzelnen Sequenzen des Jagdverhaltens aus, weil es für sie zum Überleben notwendig ist oder doch sein könnte, wenn sie von uns nicht versorgt würden. Und das macht ihnen unglaublich viel Spaß, so wie Ihnen Monopoly oder Fußball. Hunden das Jagen zu verbieten, weil sie ja schließlich von uns gefüttert und umsorgt werden, ist genauso sinnvoll wie jemandem zu verbieten, seine eigenen Kartoffeln anzubauen. Er könnte die Kartoffeln und Zucchini schließlich im Supermarkt kaufen. Wer so argumentiert hat noch nie frischen, selbst angebauten Salat aus dem

Garten gegessen oder sich auf die ersten Kartoffeln aus eigenem Anbau gefreut. Jagen dient Hunden und ihren wilden Verwandten schlicht und ergreifend dem höchst erfreulichen Nahrungserwerb, mit einem nicht besiegbaren „Trieb", einer schlechten Bindung oder mit Respektlosigkeit uns gegenüber hat das überhaupt nichts zu tun.

Dazu kommt, dass viele Hunderassen explizit über hunderte, evtl. auch tausende Generationen genau dafür gezüchtet wurden: für Beute auffinden, für Vorstehen, Hetzen und sogar fürs Töten. Davon sind auch Hunde aus dem Tierschutz nicht ausgenommen. Gerade Hunde aus dem Auslandstierschutz bringen oft ein erhebliches Potential mit. Und nur weil wir uns das einbilden. werden eben Retriever, Beagles oder Podencomixe nicht wie von Zauberhand 100%ige Couchpotatoes, sondern bleiben Jagdhunde mit besonderen Bedürfnissen. Darauf werde ich noch an anderen Stellen zu sprechen kommen.

Jetzt gibt es ja mittlerweile richtig viele Bücher über Jagdverhalten bei Hunden, einige richtig gute, die Sie bei den Literaturempfehlungen finden, manche elend mies mit tierschutzrelevanten Vorschlägen, andere ganz nett mit einigem Verständnis für das, was die Hunde da tun, und mehr oder weniger guten Ideen, wie man dagegen angeht. Von meinen Kunden wurde ich immer wieder darauf angesprochen, warum ich noch kein Buch über jagende Hunde geschrieben hätte. Eigentlich war ich der Meinung, zu diesem Thema wäre schon alles gesagt und ich würde maximal 10 Seiten zu Papier bringen.

Bei einem meiner „Jagdspaziergänge" mit meinen Hunden habe ich gründlich darüber nachgedacht und beschlossen, dass es wichtig und sinnvoll ist, weiter daran zu arbeiten, mehr Argumente für einen freundlichen Umgang mit unseren vierbeinigen Freunden unter das Volk zu bringen, mehr Verständnis für die Hunde zu wecken bei dem, was sie da tun, und mehr Menschen dazu zu bringen anzuerkennen, was für großartige Gefährten sie an ihrer Seite haben, und wie interessant und bereichernd es ist, mit Hunden auf die Jagd zu gehen, ohne Hasen und Rehe dabei zu gefährden. Ich bin davon überzeugt, dass wir unsere Hunde erst dann richtig kennen, wenn wir wissen, wie sie jagen, welche Beute sie bevorzugen würden und welche Jagdtaktiken sie anwenden. Das können Sie damit vergleichen, dass Sie einen Menschen dann richtig gut kennen, wenn Sie wissen, was er gerne isst, ob er gerne kocht oder sich lieber bekochen lässt, ob er beim Essen auch mal Experimente macht oder immer die gleichen Dinge auf dem Teller haben möchte, ob er sein Gemüse selber anbaut, auf dem Markt, im Bioladen oder im Supermarkt einkauft. Wie ein Mensch mit dem Thema Essen und Nahrungsbeschaffung umgeht, sagt viel über ihn aus, so wie das Jagen über Hunde.

Lassen Sie sich einfach darauf ein, versuchen Sie es. Es gibt nur positive Nebenwirkungen, versprochen. Und Sie können – fast – nichts falsch machen. Ihre Hunde werden begeistert sein - und Sie letztendlich auch.

Bevor Sie weiterlesen, noch zwei Bemerkungen.
In Büchern über die Jagdleidenschaft der Hunde sieht man häufig sehr spektakuläre Bilder, entweder von Hunden, die sich regelrecht im Jagdrausch befinden oder tolle Nahaufnahmen von Hirschen, Wölfen oder anderen Wildtieren. In diesem Buch finden Sie nichts dergleichen. Wie ein Hund aussieht, der etwas in der Nase hat, wissen Sie selber. Und Nahaufnahmen von Wölfen, Füchsen oder Hirschen sind in den seltensten Fällen von den AutorInnen, sondern werden in der Regel zugekauft. Wenn ich solche Tiere treffe, habe ich anderes zu tun, als meinen Fotoapparat zu zücken. Auch habe ich einfach keine Zeit, mich stundenlang in den Wald zu setzen und darauf zu warten, dass mir was vor die Linse läuft. Videos und großartige Fotos von allen möglichen Tieren finden Sie zuhauf im Internet. Sollten Sie also während des Lesens Bedarf an spektakulären Bildern haben, dann gehen Sie einfach ins Internet, googeln die Bilder und schauen beim Lesen immer wieder hin. Die Fotos in diesem Buch sind entweder von mir selber oder liebe FreundInnen und Bekannte haben sie mir zur Verfügung gestellt, und alle Aufnahmen wurden in der Uckermark gemacht, denn was Sie hier im Anschluss lesen, bezieht sich auf die Situation rund um unser Forsthaus.

Hauptsächlich beschreibe ich, wie sich Jagdspaziergänge mit meinen Hunden und einigen meiner Kundenhunde gestalten. Das bedeutet nicht, dass die das am tollsten machen und dass es nur so geht. Es sind einfach die Hunde, die ich am besten kenne und mit denen ich unter den Bedingungen arbeite, mit denen ich am besten vertraut bin. Bei Ihnen, mit Ihren Hunden und in Ihrer Umgebung kann das ganz anders aussehen. Betrachten Sie deshalb meine Ausführungen und Hinweise als Anregungen, die Sie gerne an Ihre individuellen Verhältnisse anpassen können.

2. Über Triebe, Instinkte und andere vage Vorstellungen

Trieb! Was für ein schreckliches Wort. Es erweckt die Vorstellung von etwas Unbezähmbarem, Unvermeidlichem, von etwas, dessen wir nie und nimmer Herr werden können. Ein Dämon, der uns oder unsere Hunde beherrscht und dem wir hilflos ausgeliefert sind. Wie eben dem Jagdtrieb unseres Hundes.

Ist das so? Sind wir und unsere Hunde vollkommen hilflos gegenüber diesem unbeherrschbaren Trieb im dunklen Inneren unseres Hundes? Gibt es keine andere Möglichkeit, als diesen „Trieb" mit aller Macht zu unterdrükken oder ihn wenigstens umzulenken?

Wenn ich etwas unverständlich oder ungenau finde, frage ich gerne nach, entweder bei Wikipedia oder im Brockhaus, der bei mir im Regal steht. Da finde ich dann solche Erklärungen:
Wikipedia:
„Trieb (von ‚treiben') steht für:

- Spross, sich entwickelnder Teil einer Pflanze
- innerer Antrieb zu einem Verhalten, siehe Instinkt
- ein den Menschen steuernder Faktor, siehe **Triebtheorie:**
  ist ein Oberbegriff für eine Reihe von Theorien aus Ethologie, Psychologie und Psychoanalyse. Ihnen allen ist die Auffassung gemeinsam, der Mensch werde wesentlich von einer Anzahl endogener (d.h. angeborener) Triebe und Grundbedürfnisse gesteuert. Die bekannteste und einflussreichste Triebtheorie entwickelte Sigmund Freud. Heute wird das Triebkonzept in der wissenschaftlichen Literatur nur noch vereinzelt verwendet; entscheidende Elemente davon leben aber in den moderneren Fachbegriffen der Motivation und des Motivationssystems fort ..."

Ein Trieb kann somit der Spross einer Pflanze sein, die treibt und uns damit erfreut. Das kann jeder bestätigen, der schon mal Radieschen oder Salat angesät hat. Ein Trieb könnte aber auch ein „innerer Antrieb" sein, der uns dazu bringt, etwas zu tun, das wir nicht bewusst steuern können und dem ein sogenanntes Reiz-Reaktions-Schema zugrunde liegt. Ganz schwierig wird es, wenn wir davon ausgehen, dass manche Triebe, wie z.B. der

Jagdtrieb beim Hund nach sofortiger Befriedigung streben, dass der Hund also gar nicht anders kann, als dem Häschen hinterher zu rennen. Mindestens ebenso problematisch ist das Wort „Instinkt". Frage ich Kunden, die mit einem sehr jagdbegeisterten Hund bei mir aufschlagen, warum ihr Hund denn so gerne Katzen, Rehe, was auch immer jagt, fällt sehr oft der Satz „Das ist eben sein Instinkt". Und damit ist alles gesagt. Angeblich. Denn was das bedeuten soll, wissen die wenigsten. Aber es klingt gut und auch wieder unausweichlich, sehr, sehr gefährlich, und man sollte mit aller Macht danach streben, diesen Wahnsinn zu unterdrücken.

So erklärt das Wikipedia:
„**Instinkt** (deutsch auch **Naturtrieb**) bezeichnet im Allgemeinen eine angeborene innere Grundlage (den „Antrieb") eines vom Beobachter wahrnehmbaren Verhaltens von Tieren.

Im engeren Sinne ist Instinkt ein historischer Fachbegriff der klassischen vergleichenden Verhaltensforschung (Ethologie), der ein Verhalten bezeichnet, das durch Schlüsselreize über einen angeborenen Auslösemechanismus (AAM) hervorgerufen werden kann und das sich in einer geordneten Abfolge von stets gleichförmigen Instinktbewegungen (bedeutungsgleich: in „erbkoordiniertem Verhalten" oder „Erbkoordinationen") äußert. Die Untersuchung der Instinkte und die Erarbeitung einer Instinkttheorie sah die seit den 1930er-Jahren aus der Tierpsychologie hervorgegangene, klassische vergleichende Verhaltensforschung als eines ihrer wesentlichen Forschungsziele an, während die Befürworter des Behaviorismus die Suche nach inneren Ursachen für Verhaltensweisen grundsätzlich ablehnten.

Einige Autoren verweisen auf das Phänomen einer spontan – ohne äußeren Einfluss – ansteigenden Handlungsbereitschaft als wesentliches Element eines Instinkts, was eine Nähe zur Triebtheorie diverser psychologischer Schulen zur Folge hat.

Die Bezeichnung Instinkt wurde jedoch sowohl in der Verhaltensforschung als auch in der Psychologie nie eindeutig definiert, sondern von unterschiedlichen Autoren jeweils unterschiedlich verwendet. "

Der Große Brockhaus schreibt zu „Instinkt“:
„Begriff, der in der vergleichenden Verhaltensforschung sehr umstritten ist und in vielfältiger Bedeutung gebraucht wird. Überwiegend versteht man darunter die angeborene Fähigkeit von Lebewesen, auf bestimmte innere Impulse (Triebe) und/oder Umweltreize (Schlüsselreize) über ein im Zentralnervensystem befindliches Koordinationssystem als Auslösemechanismus mit einem arttypischen Verhaltensablauf zu reagieren“.

Bereits im Herder Lexikon der Biologie von 1985 kann man nachlesen: „In der wissenschaftlichen Terminologie sollte das Wort Instinkt vermieden werden.“ Warum? Weil es ungenau ist und de facto nichts aussagt. Bei anderen Quellen kann man auch die Übersetzung „Naturtrieb“ für Instinkt lesen. Und schon ist der Trieb wieder im Spiel.

Wer Hunden grundsätzlich bei allen Handlungen Triebe und Instinkthandlungen unterstellt, ist vermutlich der Meinung, dass Hunde nicht denken können, nicht in der Lage sind, planvoll zu handeln und – ganz wichtig beim Jagdverhalten – eine bereits begonnene Handlung weder unterbrechen noch planvoll beeinflussen können. Wer so denkt, hat vermutlich noch nie einen Hund beim Jagen beobachtet.

Jetzt ist es ja tatsächlich so, dass es für viele Hunde außerordentlich schwer ist, eine einmal begonnene Jagd ab einem gewissen Zeitpunkt zu beenden, bevor sie zum Erfolg gelangt sind. Merkwürdigerweise können das aber alle ihre wilden Verwandten. Und es gibt auch Hunde, allerdings sind die nach meiner Erfahrung in der Minderheit, die wirklich mehr oder weniger planlos durch die Gegend rennen, bis sie endlich was Jagdbares gefunden haben. Können Sie sich vorstellen, dass Wölfe, Füchse oder Kojoten, die Welpen versorgen müssen, selber auch Hunger haben und effektiv mit ihrer Kraft und Energie umgehen müssen, einfach mal so losziehen? Immer nach dem Motto: Wird sich schon was finden? Ich glaube nicht, dass sie das tun. Das kann sicher mal vorkommen, aber in der Regel wissen sie schon, wo die Rehe oder Hirsche stehen, wo es die meisten Mauslöcher oder Vogelnester am Boden gibt. Und Hunde rennen einfach so los? Weil sie diesen „Naturtrieb“ nun mal in sich haben und völlig hirnlos ihrem „Instinkt“ folgen müssen?

Auch davon, was Jagdverhalten selber ist, haben viele Menschen eine mehr als vage Vorstellung. Ein Hund, der in eine Pferdeweide rennt und die Pferde mit sehr aktiver Vorderkörpertiefstellung zum Rennen anregt, der will wirklich nur spielen? Ein Hund, der hinter jeder Ente herschwimmt und von jedem Wasservogel begeistert ist? Der macht das aus Spaß am Schwimmen? Und der würde der Ente nie was tun? Echt? Ein Hund, der hinter einem Ball herrennt, spielt? Aber wenn er das gleiche mit einem Kaninchen macht, das vor ihm aufspringt? Was ist das dann? Auch spielen? Begriffsverwirrung gibt es somit nicht nur bei vermeintlich wissenschaftlichen Begriffen, sondern auch bei Begriffen, die wir tagtäglich im Munde führen, ohne tatsächlich zu wissen oder darüber nachzudenken, was sie bedeuten und wie sie sich in der Praxis auf das Leben unserer Hunde und damit auf unser Leben auswirken.

Die Frage ist also: gibt es so etwas wie einen „Jagdtrieb" überhaupt?

Caniden gehören zu den Landraubtieren. Das bedeutet, dass sie Beutetiere erlegen und aufessen, um überleben zu können. Damit gewährleistet ist, dass sie das wirklich beherrschen, durchleben Welpen und Jungtiere bestimmte Phasen, in denen sie notwendige Handlungen, Verhaltensweisen und Variationen der Jagdsequenzen spielerisch einüben. Diesen Ablauf kennen wir alle: ein Blatt fliegt auf und der Welpe hopst hinterdrein. Das macht er vielleicht eine Zeitlang, dann stellt er fest, dass das langweilig ist, weil das Blatt nicht gut schmeckt und irgendwann völlig bewegungslos rumliegt. Oft weiß er gar nicht mehr, was an dem Blatt so interessant war, wenn es nicht mehr fliegt.

Viel besser ist es, in einen Zweig zu beißen, der sich dann „wehrt". Aber auch das wird langweilig. Ein Vogel fliegt auf – es wird immer besser, weil man den evtl. von Busch zu Busch verfolgen kann. Nur nervt das den Vogel, er fliegt davon, also auch nicht so gut. Aber die Nachbarskatze, die ist lustig, oder das Kind auf dem Fahrrad, oder vorbeifahrende Autos. .... Der Jungspund wächst mit seinen Aufgaben. Müsste er sich als Wolf, Wildhund oder Kojote irgendwann selber durchs Leben bringen und auch noch eine Familie ernähren, würde er von seinen Eltern ab einem gewissen Alter zwar verletzte, aber noch lebende Tiere serviert bekommen, z.B. Mäuse. An diesen armen Tieren kann er dann sein Glück versuchen. Und da man die Mäuse auch fressen kann, interessiert er sich nicht mehr für wackelnde Zweige oder flüchtende Vögel, sondern lernt unter der Anleitung seiner Eltern, wie er die für ihn entsprechende Beute finden, erlegen und fressen kann, bis er in der Lage ist, auch deutlich größere Beutetiere zu erlegen.

Interessanterweise machen das Kater, die sich angeblich nicht für ihre Kinder interessieren, sehr wohl mit Kitten und Welpen, die mit ihnen im gleichen Haushalt leben. Wohlgemerkt: fast ausschließlich die Kater, die Kätzinnen nicht. Die meisten meiner KundInnen, die mit einem oder mehreren Katern zusammenleben, berichten, dass diese den jungen Hunden, wenn diese etwa sechs Monate alt sind, halbtote Mäuse bringen, an denen sie dann üben können. Alle diese Hunde werden hervorragende Mäusejäger und könnten sehr gut alleine überleben. Das sind häufig auch Hunde, die sehr viel besser lernen können, wann sich Jagd lohnt und wann nicht.

Im Widerspruch zu den individuellen Lernerfahrungen jedes jungen Beutegreifers steht, dass man aus solchen und ähnlichen Beobachtungen abgeleitet hat, dass der „Jagdtrieb" durch ein Reiz-Reaktions-Schema ausgelöst wird. Der Reiz (= flüchtendes Beutetier) wird vom Beutegreifer wahrgenommen, diese Wahrnehmung löst die Reaktion (= hetzen) aus. Auch dieses Schema ist mittlerweile sehr umstritten, denn es erklärt nicht, warum sich Individuen jeweils anders, eben individuell verhalten und eigene Abläufe entwickeln. Warum begnügt sich der eine Wolf damit, Mäuse auszubuddeln und ab und zu einen Hasen zu fangen, während der andere ein wahres Wunder an Effizienz ist und sehr erfolgreich Rehe, Hirsche und Wildschweine erlegt? Ebenso liefert dieses Schema keine Erklärung dafür, wie sich die Kooperation bei der Jagd unter Partnern entwickelt. Denn nur durch eine genaue Aufgabenteilung können wildlebende Canidenrudel ihr Überleben sichern. Wenn jeder einfach losrennt, nur weil ein Hirsch im anvisierten Hirschrudel einen Hopser macht, bleiben alle dauerhaft hungrig.

Aus Beobachtungen von freilebenden Wölfen weiß man allerdings, dass Jungwölfe von Anfang an ihre Talente und Fähigkeiten bei der gemeinsamen Jagd erproben können, Erfolge und Misserfolge erleben und damit lernen, Aufgaben zu übernehmen, für die sie geeignet sind. Das erhöht nicht nur die Jagderfolge, es gibt den jungen Wölfen auch Zuversicht und Vertrauen in ihre eigenen Fähigkeiten. Von irgendwelchen mechanisch ablaufenden Schemata ist das weit entfernt.

Bei Haushunden läuft das etwas anders. Zwar hopst auch unser Welpi hinter Blättern und Vögeln her oder beißt in wackelnde Zweige, aber es kommt noch etwas dazu, was Wildcaniden erspart bleibt. Weil das ja so süß ist, spielen wir mit ihm. Natürlich spielen auch Hunde und Wildcaniden mit ihren Kindern, aber Menschen gehen ein bisschen anders an dieses Thema heran, denn spielen ist total superwichtig, das sagen alle Experten, besonders die ganz guten, die es bis ins Fernsehen schaffen. Wer nicht mit seinem Hund spielt, der vernachlässigt seine Entwicklung sträflich und unterfordert ihn. Der Hund kann sich dann niemals normal entwickeln, weil ohne spielerisches Lernen wird das alles nix. Zudem fördert es die Bindung und man kann Spiele supertoll mit der Festigung des Grundgehorsams verbinden.

Echt jetzt?

Was spielen Menschen denn so mit ihren Hunden? Zottel vor dem Hund wegziehen, Bälle rollen oder werfen, Quietschtiere anbieten, ihn mit der Reizangel animieren ..... lauter Jagdspiele. Im Gegensatz zu Wildcaniden, die sehr viele Misserfolge haben, bis sie endlich mal ihren ersten eigenen Jagderfolg verbuchen können, verschaffen wir unseren Hunden bei diesen Spielen einen 100%igen Erfolg. Wir lassen auch nicht locker, wenn der Kleine keine Lust mehr hat, wir reizen ihn so lange, bis er weiter macht. Wir verhindern damit erfolgreich, dass er lernt, eine Jagdsequenz zu unterbrechen. Im Gegenteil, wir spornen ihn auch noch an, selbst wenn er deutlich signalisiert, dass es ihm reicht. Und festigen damit ein optimal konditioniertes Reiz-Reaktions-Schema.

1. Der Maxl war ein richtiger Balljunkie

Denn irgendwann kommt der Tag, an dem ein Hase vor ihm aufspringt. Unserem Bello ist das vollkommen egal, ob ein Ball geworfen wird oder ein Hase wegrennt. Es bewegt sich etwas, das noch dazu sehr gut riecht, schnell von ihm weg. Er hat gelernt, dass man da sofort und ohne nachzudenken hinterherrennen muss, und das macht er dann eben. Es interessiert ihn nicht im Geringsten, dass sein Mensch verzweifelt ruft und schreit und versucht, ihn von der Hasenjagd abzubringen. Er hat ja nicht gelernt, auf irgendwas anderes zu achten als auf das fliehende Objekt. Anders ausgedrückt: wir haben vor allem seine **Reaktion** auf einen **Auslösereiz** trainiert. Dazu braucht es kein funktionierendes Gehirn, nur schnelle Beine. Und schon finden wir es vollkommen schlüssig, wenn uns ein Experte erklärt, dass das eben der Jagdtrieb sei, der in jedem Hund schlummert, dass der mit diesem Reiz-Reaktions-Schema abläuft und ab sofort effektiv und akkurat bekämpft und unterdrückt werden muss.

Aha.

Wie so häufig, wenn Menschen bei Hunden etwas nervig und störend empfinden, wird dieser Störung und damit automatisch dem Hund der Kampf angesagt. Denn diese selbständigen Aktionen, die auch gesellschaftlich verfemt sind, wollen wir einfach nicht haben. Züchterseiten sind voll von überzeugenden Argumenten, dass diese Rasse hier nicht jagt, garantiert nicht, weil ..., um die Menschen dazu zu bringen, sich alle möglichen Hunde nach Hause zu holen, die selbstverständlich jagen würden, so sie denn müssten und auch dürften.

Zwei Episoden aus meiner Trainerlaufbahn fallen mir da ein. Da war diese nette Epangeul-Breton-Hündin. die bei netten, aber sehr unbedarften Menschen gelandet war. Im Gespräch mit der Halterin erwähnte ich, dass sie einen Jagdhund hätte und entsprechend mit der Hündin umgehen müsste. Das wurde vehement abgestritten, da sie mit der Hündin ja nicht auf die Jagd gehe. Ach so, na dann ist ja alles gut. Und dann war dieser Münsterländer aus „Familienzucht". Da die Züchterin bereits 6 Würfe nur an Familien abgegeben hatte, sei klar, dass diese Hunde nicht für die Jagd bestimmt seien und deshalb nur sehr geringes Interesse am Jagen hätten. Naja, wenn's so einfach geht, dann machen wir das eben so.

2. Münsterländer

Vollkommen übersehen wird bei solchen Aussagen, dass sich ererbte Eigenschaften weder wegleugnen noch so ohne weiteres wegzüchten lassen. Beide Rassen sind hochspezialisierte Jagdhunde. Münsterländer und Epangeul Breton wurden über hunderte, wenn nicht tausende Generationen auf bestimmte Eigenschaften selektiert. Nur weil einem diese Eigenschaften nicht mehr in den Kram passen, sind sie nicht auf einmal weg.

Jagen ist ein wichtiges Bedürfnis aller – ALLER – Hunde, das sie auf die eine oder andere Art befriedigen müssen. MÜSSEN. Wenn Sie dieses Buch also gekauft haben, um Tipps zu finden, wie Sie den „Jagdtrieb" Ihres Hundes unterdrücken können, dann schlagen Sie es jetzt bitte zu und verkaufen es auf Ebay oder wo auch immer. Denn dann können Sie mit meinen Vorschlägen vermutlich nicht viel anfangen. Wenn Sie allerdings bereit sind, zu akzeptieren, dass Hunde eben jagen, so wie wir auch mit Begeisterung unseren modifizierten Jagdinteressen nachgehen, dann sollten Sie weiterlesen. Denn im nächsten Kapitel geht es darum, was Jagen für Hunde bedeutet und wie die Jagdsequenz abläuft.

3. Was bedeutet das: mein Hund jagt?

Die Jagdsequenz wird in der Regel so oder ähnlich dargestellt:
Auffinden der Beute - Orientierungshaltung - Blickkontakt zur Beute - Anpirschen / Einkreisen - Hetzen / Scheuchen - Angriff / Packen - Töten - Zerlegen - Konsumieren oder Wegtragen und anschließend Konsumieren.

Wer einen Hund hat, der sich gerne mal mit den Freunden des Waldes amüsiert, sollte sich damit befassen, schon allein um herauszufinden, welche dieser Teile sein Hund ganz besonders toll findet. Ich behaupte jetzt mal kühn, dass die allermeisten Hunde gerade die letzten Teile „Töten – Zerlegen – Konsumieren" am großartigsten fänden – wenn wir sie ließen. Aber genau diese Teile wollen wir sie ganz sicher nicht ausführen lassen, schon allein aus Respekt vor dem Leben anderer Tiere. Auch „Hetzen – Scheuchen – Angreifen" vermeiden wir tunlichst. Beute suchen und fixieren, anpirschen und eventuell einkreisen - das ist auch dann möglich, wenn wir die Rehe und Hasen in Ruhe lassen. Und das können wir sofort anfangen: unseren Hund für seine Lieblingsbeschäftigung „jagen" in den höchsten Tönen für sein Tun loben und bewundern. Wie wir das genau machen, das erläutere ich noch ausführlich.

Hunde jagen am liebsten in Gemeinschaft, da eine eingeschworene Jagdgemeinschaft mehr und bessere Erfolge verspricht. Sind also keine anderen Kumpel verfügbar, sollte wenigstens ihr Mensch dafür zu haben sein. Leider hoffen sie darauf meistens vergeblich. Denn wenn Ihr Bello gerade festgestellt hat, dass die Nachbarskatze vor ca. 2 Minuten hier durch ist und durchaus gute Chancen bestehen, sie heute endlich zu erwischen, begeistert Sie das längst nicht so wie ihn. Ganz im Gegenteil. Wenn wir also jemandem mangelnde Kooperationsbereitschaft unterstellen dürfen, dann - aus Sicht unserer Hunde - uns selber.

Hunde haben andere Vorstellungen als wir, warum und wie wir spazieren gehen sollten: Katzen oder andere Tiere suchen und jagen ist eine gute Idee, aber auch nachsehen, wer denn in der Zwischenzeit so alles auf der Piste war oder noch ist, andere Hunde treffen, alles ordentlich markieren, das sind sehr wichtige Dinge, die hund erledigen muss. Und was er sehr gerne hätte: wenn wir uns daran aktiv beteiligen. Nur leider gibt es vieles, was unsere Hunde superspannend finden, wir aber leider nicht ansatzweise wahrnehmen: die Welt der Düfte. An seinem Verhalten sehen wir vielleicht, ob er die Spur einer läufigen Hündin entdeckt hat oder ob sein Erzfeind unterwegs war. Aber für viele Menschen ist es fast unmöglich zu erkennen, wenn ihr Hund etwas Jagdbares entdeckt hat.

Dummerweise wissen zwar wir, dass wir vor allem im Vergleich zu Hunden so gut wie nichts riechen, aber unsere Hunde nicht. Sie können deshalb überhaupt nicht nachvollziehen, warum wir ihre klaren und deutlichen Botschaften weder erkennen noch verstehen. Ganz und gar unverständlich ist ihnen, warum wir uns an diesen spannenden Erlebnissen nicht beteiligen. Wir haben es also wieder einmal mit einem eklatanten Missverständnis zwischen Hund und Mensch zu tun: wir verstehen die Tragweite seiner Erlebnisse nicht und der Hund hält uns für unkooperativ und desinteressiert, weil er nicht weiß, dass wir überhaupt nichts mitbekommen von seinen aufregenden Entdeckungen. Dass viele von uns denken, was Hunde wollen, sei nicht so wichtig, wichtig sei nur, was wir gottgleichen Menschen möchten, kommt dazu und erschwert es diesen Menschen zusätzlich, ihre Hunde zu verstehen.

Dabei ist die Lösung eigentlich ganz einfach: wir fangen an, uns an allen seinen Erlebnissen aktiv zu beteiligen, und dazu müssen Sie nicht am Boden herumkriechen und anfangen, Pipispuren mit der Nase zu suchen. Das ist viel, viel unkomplizierter.

Eigentlich wissen wir alle, wo unsere Hunde jagdlich Gas geben. Das kann der Wald ums Haus sein wie bei mir, das kann der Park mit den vielen Kaninchen und Eichhörnchen sein, in dem das Auslaufgebiet Ihres Wohnorts liegt, das kann auch der Weg durch die Siedlung vorbei an vielen Anwesen sein, in denen jede Menge Katzen wohnen. Sie müssen sich also darüber klar werden, was ihr Hund jagen und wie er das tun möchte. Dann sollten Sie sich über die individuellen Talente Ihres Hundes Klarheit verschaffen. Ist er ein Spezialist im Auffinden der Beute? Wie gut kann er einschätzen, ob er sie bekommen kann oder nicht? Wie schnell ist er darin abzuklären, wohin sein Beutetier verschwunden ist? Was bedeutet es für ihn, wie lange diese Spur schon liegt? Interessiert er sich für grundsätzlich alle Fährten, auch für die, die schon einige Stunden alt sind? Oder nur für die ganz frischen? Findet er Hasen besser als Rehe oder Mäuselöcher interessanter als Katzen? Würde er lieber einer Hirschspur folgen oder einen Maulwurfshaufen aufgraben?

Es hängt viel davon ab, wo Sie wohnen und wo Sie mit ihm spazieren gehen. Wer wie ich einen Hund aus dem Süden hat, der sich mal selber versorgt hat, weiß, wovon ich spreche. Hunde aus rumänischen, griechischen oder türkischen Städten „jagen" lieber Mülltonnen und lassen dafür Waschbären, Katzen und Hasen in Ruhe. Hunde vom Land interessieren sich in der Regel sehr lebhaft für Kleintiere wie Katzen und Hasen, die sie auch alleine ohne Hilfe erlegen könnten. Dafür sind normalerweise die Mülleimer vor ihnen sicher. Daraus können wir schließen, wie wichtig es ist, dass ein Hund in seiner Kindheit und Jugend das Jagen, also das Beschaffen von Nahrung lernt. Oder eben, dass er Wild - wahlweise Mülleimer - in Ruhe lässt. Denn auch das können Hunde lernen.

Sie sind gefordert, wenn es um die genaue Kenntnis Ihres „Reviers" geht. Auch die Siedlung und der Park, wo Sie jeden Tag laufen, sind ein „Revier", denn dort gibt es Katzen, Marder, Igel, Kaninchen.... und das könnte man alles aufstöbern, erlegen und aufessen. Je besser Sie Bescheid wissen, je aufmerksamer Sie unterwegs sind, je genauer Sie die Eigenheiten der vierbeinigen Bewohner Ihres Reviers kennen, umso leichter wird es für Sie und umso erfolgreicher ist Ihre Pelznase. Und das alles, ohne einer Katze oder einem Marder auch nur ein Haar zu krümmen.

Jetzt könnten Sie natürlich anfangen und seinen „Jagdtrieb" umlenken. Das versuchen viele Menschen mittels Dummytraining oder Mantrailing oder Würstchenbäumen.... der Phantasie sind da keine Grenzen gesetzt. Aber Sie dürfen mir eins glauben: die frische Fährte des Hirsches, der vor 38 Sekunden den Weg gekreuzt hat oder das Reh, das in 53 Metern Entfernung aufspringt, ist garantiert bedeutend interessanter als Ihr Dummy oder der Würstchenbaum. Mit den Alternativen Mantrailing oder Fährtensuche tun Sie Ihrem Hund sicher einen großen Gefallen, nur leider ist die Wahrscheinlichkeit, dass er deshalb aufhört, sich für Hasen und Waschbären zu interessieren, eher gering. Erinnern Sie sich bitte: Jagen ist Nahrungserwerb und eines der besten Hobbys, das Hunde sich zulegen können. Wenn Ihre Pelznase am Samstag beim Trailen geglänzt hat, findet er es trotzdem super, am Sonntag Hasen zu jagen. Garantiert. Denn essen muss man jeden Tag und ganz besonders dann, wenn man am Tag zuvor richtig viel geleistet hat.

Den Würstchenbaum finden die meisten Hunde toll, aber ob er wirklich ein Ersatz für die wachsende Begeisterung bei einer echten Jagd ist, wage ich zu bezweifeln. Mir kommen unsere menschlichen Alternativen immer sehr bemüht vor und in vielen Fällen sehe ich über den Hunden regelrecht eine Sprechblase, in der steht: „Sehr nett, was du dir ausdenkst, aber jetzt muss ich mich schicken, damit ich den Hasen kriege, das mit dem Dummy (Würstchenbaum) läuft uns ja nicht weg, der Hase schon." Das war's dann mit unserer tollen Idee, und - zack - ist unser Hund über alle Berge.

Wir haben schon festgestellt, dass wir die jagdlichen Ambitionen mit bestimmten Spielen fördern, also wird unsere Pelznase irgendwann sein erworbenes Wissen in die Tat umsetzen. Spielen bedeutet für Kinder und Jugendliche das Erlernen von Verhaltensweisen und Handlungen, die sie im späteren Leben brauchen. Das gilt für Menschen wie für Hunde. Dazu kommt die Wirkung der Stresshormone, die bei der Jagd und bei jagdlichen Spielen eine große Rolle spielen.

Stress und Stresshormone gibt es nicht, damit Burnout-Kliniken mit gestressten Menschen Geld verdienen können. Stresshormone haben wichtige Funktionen im Kampf, auf der Flucht und bei der Jagd, also in Situationen, in denen der Hund - oder der Mensch – sehr fokussiert und schnell handeln muss, ohne lange zu überlegen. Damit er das kann, übt er diese Handlungen spielerisch in seiner Kindheit und Jugend und wird im Idealfall vertraut mit der Wirkung von Stress, lernt aber gleichzeitig, wie er mit Frustration klarkommt, ohne gestresst zu werden. Der junge Hund, der hinter einem Blättchen her hopst, hat vermutlich noch keine Adrenalinausschüttungen, aber sowie aus dem Blatt ein Vogel wird, der von Busch zu Busch fliegt und ihn ärgert, sieht es schon anders aus.

Der rollende Ball ist noch nicht das Problem, dafür aber der Ball oder die Frisbeescheibe, die vor dem Hund davonfliegen, während er mit allem, was ihm zur Verfügung steht, versucht, das tolle Teil zu erwischen. Damit imitieren wir nämlich die letzten Teile der Jagdsequenz: hetzen und packen. Töten und konsumieren sollten zumindest nach Ansicht der meisten Menschen entfallen, allerdings gibt es jede Menge Hunde, die den Ball oder die Frisbeescheibe anschließend sehr leidenschaftlich zerfetzen und rumschleudern. Gerade beim Hetzen werden aber Stresshormone wie z.B. Adrenalin freigesetzt, damit der Wolf, Kojote, Wildhund extrem auf sein Beutetier fokussiert ist und sich von nichts ablenken lässt. Denn wenn er sich von einem Dorn, an dem er sich blöderweise verletzt, dazu bringen lässt, die Jagd zu beenden, dann wird er vermutlich verhungern und seine

Welpen auch. Wer schon einmal schwer verletzt war, z.B. nach einem Autounfall, der kennt das: solange man unter Strom (= unter dem Einfluss der Stresshormone) steht, verspürt man keine Schmerzen und ist kurzfristig zu unglaublichen Leistungen fähig.

Wildcaniden hetzen erst los, wenn sie sich sicher sind, dass dieser Jagdversuch nicht beim Versuch bleibt, sondern vom Erfolg gekrönt wird. Als Jungtiere werden ihre Misserfolge - vielleicht - von ihren Eltern und anderen Rudelmitglieder abgefangen, aber Sie können davon überzeugt sein, dass junge Wildcaniden alles daransetzen, gute Jäger zu werden. Sie lernen rechtzeitig, wann es sinnlos ist, los zu sprinten und wann es Erfolg verspricht. Und genau das lernen die meisten unserer Hunde nicht. Das ist mit der Grund, warum man Videos von Wölfen im Internet findet, die ganz geruhsam an Rehen vorbeilaufen, durch weidende Kuhherden schlendern oder in angemessener Entfernung - wegen des Herdenschutzhundes - Schafherden passieren. Hunde leinen wir in der Regel in solchen Fällen an, weil sie nicht oder nicht ausreichend gelernt haben, damit umzugehen und die Situation richtig einzuschätzen.

Dazu kommt, dass wir mit diesen absurden und überflüssigen Wurfspielen Balljunkies erzeugen. Das Wort „Junkie" nehmen Sie bitte wörtlich, denn die Hunde werden süchtig nach dem Adrenalinkick. Auch der ganze Körper wird geschädigt. Hunde sind Zehengänger, wenn sie losrennen oder eine Vollbremsung machen, geht die Hauptlast auf die Zehen. Sehen Sie sich bitte eine Darstellung eines Hundeskeletts an und überlegen Sie, was passiert, wenn ein Hund aus vollem Lauf abbremst, um einen Ball zu erwischen oder einen irren Sprung in die Luft mit anschließender Landung macht, um ein Frisbee zu fangen. Das geht immer durch den ganzen Körper und wenn Bello 4 bis 5 Jahre alt ist, wundern wir uns, warum er dauernd humpelt und Schmerzen hat. Dann rennen wir zum Tierarzt und zum Physiotherapeuten, aber die können dann auch nichts mehr ändern.

Jagen bedeutet also für Wildcaniden etwas komplett anderes als für unsere Couchpotatoes:

1. Wildcaniden lernen von Anfang an mit Misserfolgen umzugehen – wir verschaffen unseren Hunden bei Wurfspielen ein 100%iges Erfolgserlebnis.
2. Bei Wildcaniden endet der Jagdausflug entweder damit, dass man sich etwas anderes suchen muss oder dass man sich satt essen kann. Das

können sie sehr schnell einschätzen und vermeiden damit unnötige Vergeudung ihrer Kräfte. Bei Hunden wird in der Regel das Spiel solange fortgesetzt, bis der Hund vollkommen am Ende ist oder bis der Mensch nicht mehr kann oder will, der Hund dagegen möchte überhaupt nicht aufhören. Unterbrechung solcher „Spiele" durch den Hund sind in der Regel unerwünscht, er lernt es also nicht.

3. Nach einer erfolgreichen Jagd und dem ausgiebigen Mahl schlafen Wildcaniden ca. 6-8 Stunden. Das ist ziemlich genau die Zeit, die der Körper braucht, um die Mahlzeit zu verdauen und die für die Jagd notwendigen Stresshormone abzubauen. Ob nach einem wilden „Frisbeetraining" für Hunde tatsächlich eine Pause möglich ist, kann bezweifelt werden, da viele dieser Hunde gar nicht mehr wissen, wie sie zu Ruhe kommen können. Darum quillt das Internet ja auch über mit Fragen: Wie bringe ich meinen Hund zur Ruhe?
4. Außer bei Kleintieren wie Mäusen jagen Wildcaniden gerne und erfolgreich im Rudel. Hunde brauchen für ihre „Jagdspiele" nicht mal mehr einen Partner, denn es gibt jede Menge Apparate, die das Werfen übernehmen. Bei ihnen fehlt damit auch die soziale Komponente der gemeinsamen Jagd.

Für Wildcaniden bedeutet Jagen somit generell:
- eine lustvolle Tätigkeit, die mit einem guten Essen endet
- mit Mitgliedern der Familie gemeinsam eine wichtige Sache für alle zu erledigen
- die Fähigkeit zu erlernen, mit Misserfolgen fertig zu werden
- viele Varianten der Jagd auszuprobieren
- die eigenen Fähigkeiten und Talente nutzbringend für alle einzusetzen und damit Anerkennung zu bekommen
- das Wissen, dass sie sich und ihre Kinder im Notfall auch alleine durchbringen
- Selbstvertrauen in die eigenen Fähigkeiten.

Für Hunde bedeutet Jagen in den meisten Fällen:
- das permanente Verbot, etwas zu tun, was eigentlich lebensnotwendig ist
- Ersatzbeschäftigungen, die nur ansatzweise den gleichen Erfolg bieten wie die richtige Jagd
- Ersatzbeschäftigungen, die krank machen
- die Unfähigkeit mit Misserfolgen fertig zu werden

- nur wenige Varianten der Jagd zu kennen, nämlich die, die der Mensch zulässt
- alles nur nach Aufforderung und Anweisung auszuführen
- keine Möglichkeit, die eigenen Fähigkeiten zu entdecken und zu entwickeln ...

Ganz schön frustrierend, finden Sie nicht?

Dagegen sollten wir etwas unternehmen. Und wenn wir etwas unternehmen, dann sollte es unbedingt in eine andere Richtung gehen. Unser geliebter Freund soll endlich erleben, dass er seine Interessen wahrnehmen darf, auch wenn es leider nur eingeschränkt möglich ist – im Sinne aller Rehe, Hasen, Katzen und was ihn sonst noch so interessiert. Es ist für alle Hunde eine großartige Entdeckung, wenn wir uns für das interessieren, was sie tun und uns zeigen. Noch toller ist es, wenn wir sie dafür bewundern und auffordern, ihre Fähigkeiten unter Beweis zu stellen. Die Krönung ist dann unsere Bewunderung für ihre Leistungen in Form von Lobeshymnen und vielen Leckerchen.

Sie glauben, das geht nicht? Dann passen Sie mal auf den nächsten Seiten gut auf.

4. Wie Indiana, Maxl und ich das Jagen entdeckten

Eigentlich müsste die Überschrift heißen: „Wie ich durch Indiana und Maxl das Jagen entdeckte“, denn die beiden haben mir das meiste gezeigt und beigebracht, und zwar in dem Sinne, wie wir es heute betreiben. Auch vorher hatte ich mich mit jagdbegeisterten Hunden beschäftigt, wie das in der Hundeschule eben normal ist. Der eine jagt Katzen, der andere Rehe, der nächste wartet einen unbewachten Moment ab, um in den Hühnerauslauf zu kommen ... In diesem Bereich habe ich mich mehr oder weniger erfolgreich bewegt, im Klartext: ich war mit den Ergebnissen überhaupt nicht zufrieden. Das Problem war nämlich: die Hunde, die damals bei uns lebten, hatten eher wenig Interesse an den Bewohnern des Waldes, bzw. es war sehr leicht unter Kontrolle zu halten. Es gab für mich selber keine oder nur sehr begrenzte Möglichkeiten meine eigenen Ideen auszutesten. Und das muss man als Hundetrainerin ab und zu einfach mit den eigenen Hunden tun.

Bei uns lebten zwei Kromfohrländer. Diese Rasse wird sehr häufig angepriesen wegen ihres fehlenden „Jagdtriebes“. Ein Scherz, aber leider ein ernst gemeinter und kein besonders guter, denn selbstverständlich jagen Kromis. Unser Rüde hasste z.B. Waschbären, die es zuhauf rund um unser Forsthaus gibt. Die erste Zeit ist er jeden Abend aus dem Haus gestürmt, um diese verbrecherischen Gesellen zu erwischen. Gott sei Dank war er nie erfolgreich, zumindest nicht in seinem Sinn. Aber er hat dafür gesorgt, dass wir bis heute von Waschbären so gut wie verschont sind, nachdem sich unter ihnen herumgesprochen hatte, dass hier ein Irrer wohnt. Im Wald haben sie ihn nicht im Geringsten interessiert. Auch Katzen fanden beide nicht verschonenswert, und ich möchte lieber nicht wissen, was sie gemacht hätten, wenn sie eine erwischt hätten. Kraniche fand unser Fritzi auch sehr, sehr spannend. Das hätte mir eigentlich egal sein können, nur haben Kraniche die dumme Eigenheit, nach dem Auffliegen laut schreiend einen großen Kreis zu fliegen, bis sie endlich über den Wald abziehen. Die Kraniche immer im Blick, versuchte er hinterher zu kommen, und das fand ich nicht lustig. Denn auch hier im einsamen uckermärkischen Wald gibt es Straßen, und auf denen fahren Autos, zwar wenige, aber eines pro Hund reicht, wenn es im richtigen Moment auftaucht. Als Junghund verfolgte er Flugzeuge, Autos, Traktoren, Jogger, Fahrräder, Krähen ...

3. Kraniche fand unser Fritzi ziemlich interessant

Habe ich schon erwähnt, dass ich damals viele Wurfspiele mit ihm machte? Nein? Na, dann wissen Sie spätestens jetzt, wie verheerend sich so ein Unfug auswirken kann. Wir hatten also mehr Glück als Verstand, dass wir gerade noch rechtzeitig damit Schluss machten und uns anderen Beschäftigungen zuwandten. Seine liebste Tätigkeit war sowieso: Ute bewachen und ihr zur Seite stehen. Im Wald auf Beute ausgehen war eher nicht so seins.

Mit unserer Hündin Loni verzichteten wir von Anfang an auf Wurfspiele. Manchmal wird man eben doch aus Erfahrung klug und außerdem war ich mitten in der Ausbildung zur Hundetrainerin, als sie zu uns kam. Mit ihr hatten wir also erst mal kein Problem im Wald – bis zu dem Tag, als sie sich auf einer Schneise gemütlich hinsetzte, um ihr großes Geschäft zu erledigen. Etwas nervös ob der großen Nähe sprang einen Meter neben ihr ein Hase auf, den keiner von uns gesehen oder gerochen hatte. Sie hörte sofort auf mit ihrer wichtigen Tätigkeit – so viel zum Thema: Prioritäten setzen – und spurtete hinterher. Klein, leicht und wendig wie sie war, hätte sie den Hasen tatsächlich fast erwischt, wenn er nicht doch noch ein rettendes Loch gefunden hätte. Mit leuchtenden Augen, strahlend von einem Ohr zum anderen kam sie zu uns zurück und erzählte mit großer Begeisterung, dass das sooo supertoll war, der reine Wahnsinn! Wie Sie sich sicher vorstellen können, mussten wir in Zukunft mit unserer kleinen Loni sehr gut aufpassen, wenn sie frei lief. Zu unserem Glück hat der Fritzi nie ihren Aufforderungen nachgegeben, mal kurz im Wald nachzusehen, was man da so finden könnte. Sein Interesse war nicht sehr ausgeprägt, und dass ich das nicht wollte, war für ihn enorm wichtig. Solche Hunde gibt es, aber nicht allzu oft. Es war also alles im grünen Bereich und das Thema war weiterhin nicht wirklich aktuell für mich.

Nachdem unser Fritzi verstorben war, zog der Maxl bei uns ein, ein sogenannter „Berliner Boulettenbeisser", also ein kleiner, entzückender Dackelmischling, dessen größtes Glück nach wie vor beim Verzehr großer und üppiger Mahlzeiten liegt. Zweieinhalb Jahre alt, dick wie eine Wanze und überhaupt nicht an welchem Wild auch immer interessiert, nein, nein, auf keinen Fall. Diesen Beteuerungen bei der Übergabe schenkte ich wenig Glauben, da bei seiner Ausrüstung eine Reizangel, eine Frisbeescheibe und ein Schleuderballteil dabei waren. Warum man einen kleinen Hund, der anstelle vernünftiger 12 Kilo 18 Kilo Lebendgewicht aufweist und als Dackelmischling sehr kurze Beine und einen langen Rücken hat, unbedingt mit Wurfspielen „auslasten" muss, verstehe ich bis heute nicht. Jedenfalls konnte er anfangs auf keinen Fall widerstehen, wenn die Wildgänse aufflogen, die bei uns im Frühjahr am Bruch abwarten, bis sie nach Skandinavien weiterziehen können. Wir haben viel und lange geübt, bis er das aushalten konnte. Und es ging auch eine Zeitlang sehr gut, bis eines Tages mein Mann mit ihm und Loni einen Hasen (!!!) traf, der es sehr eilig hatte, davonzukommen. Loni forderte Maxl sofort auf, dem Hasen zu folgen, und das tat er auch. Die Loni blieb bei meinem Mann, denn sie hatte ja alles richtig gemacht. Sie war alt und krank und der Maxl würde als junger, gesunder Kerl schon erfolgreich sein. Das nächste Mal zischte er ab, als ein Rudel Rothirsche unseren Weg kreuzte – ich meine: ca. zehn Rothirsche und ein Dackel?

Also war erst mal die Schleppleine angesagt und wir fingen an zu lernen, dass hier in diesem Wald richtig viel los ist und wir diese Viecher einfach in Ruhe lassen. Wir lernten ein Zauberwort, auf das Maxl sofort umdrehte und zu mir kam, weil es dann immer Leckerchen regnete. Wie das genau geht, erläutere ich später noch. Dann lernten wir, dass die Leine locker sein kann, auch wenn wir uns noch so aufregen, dass man an wenigen Stellen frei laufen darf, auf den meisten Teilen des Spaziergangs aber an einer langen Leine ist. Zuerst war diese Leine knapp zwanzig Meter lang, das haben wir reduziert auf sechs bis zehn im Wald, im Ortsbereich auf drei bis fünf Meter.

Schließlich ging auch unsere liebe Loni über die Regenbogenbrücke und wir standen lange vor der Frage, welcher Hund denn nun den freien Platz einnehmen soll. Mein Mann war strikt dagegen, dass wir einen Hund mit ausgeprägtem Jagdinteresse aufnehmen sollten. Aber wie soll man das vorher wissen? Am Beispiel Loni hatten wir erlebt, wie Jagdbegeisterung auch noch im Alter von 7 Jahren geweckt werden kann. Wir entschieden uns für eine 6 Monate alte Hündin aus Griechenland. Was wir nicht wussten: sie hatte die ersten 5 Monate ihres Lebens in Griechenland auf Chalkidiki verbracht, einer der 3 Finger des Peloponnes. Dort hatte sie mit ihrer Mutter und ihren Geschwistern ein sehr freies und ungebundenes Leben geführt. Nachdem die Menschen, die die kleine Familie über den Sommer versorgt hatten, wegen des bevorstehenden Winters in die Stadt gezogen waren, musste ihre Mutter zusehen, wie sie ihre Kinder ernährt und damit begann ein aktives Jagdtraining, aber eben nicht als Hobby, sondern tatsächlich zum Nahrungserwerb.

Nach sehr kurzer Eingewöhnungszeit in der Uckermark zeigten sich Indianas Talente in voller Blüte: Katzen, Hasen, Marder, Waschbären, Rehe ... alles war spannend und interessant und versprach eine leckere Mahlzeit. Sie ist der einzige Hund, den ich bislang kennengelernt habe, der auf Krähen in einer Art und Weise reagiert, wie ich es nur von Wildcaniden gehört und gelesen habe. Wenn sie Krähen über dem Wald fliegen und rufen hörte, blieb sie stehen, verfolgte sehr interessiert den Flug und lauschte ihrer Botschaft. Wenn ich mit ihr mitgegangen wäre, wäre sie vermutlich schnurstracks losgezogen, um den so gemeldeten Kadaver zu suchen und sicher auch zu finden.

Anfangs war es extrem schwierig, mit ihr im Wald spazieren zu gehen – und unser Anwesen ist zu fast 100% von Wald umgeben. Da gibt es so gut wie keine Möglichkeit auszuweichen und irgendwo über Wiesen und Felder zu gehen. Aber auch die Wiese hinter unserem Haus hat so ihre Tücken: Hasen, Füchse, Mäuse, Bodenbrüter, Wildschweine und Rehe im Bruch, Katzen vom Nachbarn.... alles spannend, alles interessant, alles dazu angetan, Indiana in Bewegung zu setzen. Rein theoretisch hätten wir den Freilauf immer mal wieder wagen können, denn sie hat beidseitig schwere HD und ist auf Erfolg aus. Diese Kombination ist schwierig und wirkt nicht unbedingt erfolgsfördernd, weil sie eben sehr langsam ist. Also hätte es eventuell durchaus klappen können, dass der mangelnde Erfolg ihren Jagdeifer gebremst hätte. Aber da sind zum einen die Wildschweine, die sehr wehrhaft und unfreundlich sind. Und da ist eben auch die zunehmende Wolfspopulation in der Uckermark. Wer will schon riskieren, dass die geliebte Hundefreundin als Nachtisch für eine Wolfsfamilie endet? Und dann gibt es natürlich noch die Jäger, die den alleinigen Anspruch erheben, Wildtiere töten zu dürfen. Also führt unser Mädchen bis heute überwiegend ein Leben an der Schleppleine. Sie hat ein Grundstück von ca. 10.000 qm, auf dem sie sich frei bewegen kann, an manchen Stellen und vom Herbst bis zum Frühjahr gibt es hie und da Freilaufmöglichkeiten, es ist alles im grünen Bereich.

Wir hatten jetzt zwei Hunde, die sich begeistert der Jagd gewidmet hätten. Und gewöhnt waren wir an Hunde, deren Interesse sich durchaus in Grenzen hielt. Da stand ich mit meinem hundetrainerischen Können, meinen Talenten und Fähigkeiten und konnte zusehen, wie meine Arme nach jedem Spaziergang länger wurden und die Schultern immer mehr weh taten. Lustig war das nicht. Denn bei uns gibt nicht nur viel Rehe, Hirsche, Hasen ..., sondern auch noch so gut wie alles außer Luchse und Bären, was in Deutschland auf freier Wildbahn zu finden ist. Das bedeutet aber, dass wir kaum fünf Meter weit kommen, ohne einen Wildwechsel zu kreuzen. Hin und wieder habe ich das Glück, die frischen Spuren am Boden zu sehen, aber wenn es trocken ist, sieht man nichts. Wildschweine und Rehe riechen so stark, dass auch ich den Geruch wahrnehme, nur leider viel zu spät, die Hunde wissen das schon lange vor mir. Ganz schlimm war es, wenn gleich am Anfang entweder die Nachbarkatzen unseren Weg kreuzten oder irgendwo weit hinten auf der Straße etwas Kleines rannte. Ab dem Moment waren beide wie verrückt und der Rest des Spaziergangs war das reinste Martyrium.

Ich schreibe das so ausführlich, damit Sie sehen, dass auch HundetrainerInnen mit langjähriger Erfahrung nicht von solchen Erlebnissen verschont bleiben. Nur weil ein Hund bei meinereiner lebt, bedeutet das noch lange nicht, dass alles super ist. Aber die gute Nachricht heißt: Es gibt eine wunderbare Lösung, von der beide profitieren, sowohl die Menschen als auch die Hunde. Und dass die Hunde profitieren, finde ich ganz besonders wichtig.

Es hatte mich immer schon fasziniert, Hunden beim Riechen an einer Spur zuzusehen. Seit vielen Jahren biete ich Mantrailer-Workshops und -Kurse an, und im Laufe der Zeit hat sich meine Begeisterung für die phantastischen Fähigkeiten der Hunde vervielfacht. Jeder Hund bringt seine ganz eigene Art mit, die gestellte Aufgabe anzugehen und zu bewältigen. Und ich kann gar nicht die Male zählen, wo die Hunde mit ihren Talenten mich einfach demütig gemacht haben und ich vor Bewunderung fast in die Knie gegangen bin.

Warum also sollte ich mich nicht über die Fähigkeit meiner Hunde freuen, eine frische Spur von einer alten zu unterscheiden? Und so wie ich beim Trailen jeden winzigen Erfolg der Hunde lobe und bewundere, so fing ich an, jeden winzigen Hinweis auf Wild in unserer Nähe begeistert zu kommentieren. Der Erfolg war umwerfend.

Der erste Erfolg, der sich einstellte war: obwohl ich wusste, wie wildreich mein Umfeld war, wurde mir jetzt erst richtig bewusst, was hier alles los war.

Ganz allmählich wurde die Begeisterung für definitiv jede Wildspur reduziert. Das wäre sonst auf Dauer doch ein bisschen viel geworden. Also verlegten wir uns auf das Anzeigen der frischesten Spuren oder auch von Wild in der Nähe. Und siehe da - auf einmal war alles viel entspannter. Meine Schultern konnten sich erholen, die Hunde hatten ihren Spaß und ich lernte unglaublich viel.

Interessanterweise zeigen unsere Hunde ihr Jagdverhalten in aller Breite und Schönheit vor allem, wenn wir zu viert spazieren gehen. Ganz offensichtlich steigt ihrer Meinung nach die Wahrscheinlichkeit, Erfolg zu haben mit der Anzahl der Beteiligten. Und damit haben sie ja auch recht. Theoretisch zumindest.

Indiana und Maxl haben eine interessante Aufgabenteilung entwickelt. Unser kleiner Mann hat Ohren wie eine Fledermaus und wenn ich sage, er hört das Gras wachsen, ist das nicht wirklich übertrieben. Mit seiner früheren Freundin Enna, eine Altdeutsche Schwarze, die bei meiner Freundin lebte und für einige Wochen bei uns geparkt war, hatte er einige Jagderlebnisse. Dabei hatte er festgestellt, dass er mit seinen kurzen Dackelbeinen definitiv schlechte Karten hat, wenn er hetzen soll. Auch wenn mein kleiner Schatz unglaublich schnell und wendig ist - die Hasen und Rehe sind noch schneller. Bei Indiana kommt dazu, dass sie beidseitig schwere HD hat, da ist es auch nicht weit her mit Erfolgen bei der Hetzjagd. Also haben sie sich überlegt, dass sie die Objekte ihrer Begierde überraschen müssen und das läuft so.

4. Hier müssen wir gut aufpassen, ob etwas aus dem Bruch kommt

Wir gehen gemütlich durch den Wald, das heißt, Indiana und ich laufen gemütlich. Die Leinen sind bei beiden Hunden locker, aber der ganze Wackeldackel ist die personifizierte Aufmerksamkeit. Seine Ohren zeigen wunderbar an, wie nahe das Wild ist. Im entspannten Zustand hängen die Spitzen runter. Bei zunehmender Wilddichte geht erst eins, dann das andere Ohr hoch und kurz bevor er startet, sind beide Ohren angespannt und vibrieren regelrecht. Das hat den ganz klaren Vorteil, dass ich ihm genau ansehe, was - vermutlich - auf mich zukommt. Indiana, die bis zum entscheidenden Moment ganz gemütlich durch die Gegend schlappt, mal hier schnüffelt, mal da was untersucht, und total unbeteiligt wirkt, ist auf sein Kommando innerhalb von Sekundenbruchteilen hellwach und zu 100% einsatzbereit.

Je nach Situation stehen beide entweder dann am Wegrand und schauen konzentriert in den Wald oder jeder untersucht eine Seite, um in Windeseile zu entscheiden, in welche Richtung es jetzt geht. Meine Aufgabe ist es, begeistert und freudig der ganzen Welt mitzuteilen, was ich für tolle Hunde habe. Dabei halte ich tunlichst die Leinen sehr fest, denn ca. 45 Kilo mit 2x Allradantrieb haben schon Power. Durch meine lautstarke Begeisterung wird sehr oft Wild aufgescheucht, das sich dann davonmacht - sehr zur Freude von uns dreien. Spätestens jetzt drehen sich zuerst der Maxl und dann auch Indiana zu mir um und erwarten von mir - zu Recht - viele, viele Leckerchen und noch größere Bewunderung. Je nachdem wie sich die Situation gestaltet, gebe ich ihnen die Bröckchen aus der Hand oder ich werfe sie auf den Boden. Aus der Hand geben hat den Vorteil, dass sie mich ansehen und ich ihnen noch besser meine Freude mitteilen kann, am Boden suchen ist von Vorteil, wenn es so aufregend war, dass sie etwas brauchen um sich wieder zu beruhigen. Dazu ist Futtersuche sehr gut geeignet.

Im Klartext bedeutet das, dass jeder Gang in den Wald ein Jagdausflug ist. Der Erfolg stellt sich sofort ein, wenn die Hunde Wild entdeckt haben, und das bedeutet, dass wir mittlerweile viele Spaziergänge unternehmen, bei denen so gut wie nichts passiert. Das sind die, die ich sehr entspannend finde, die Hunde finden sie eher langweilig. Aber auch die Tage, an denen viel los ist, sind im Vergleich zu früher harmlos. Denn ein ganz wichtiger Punkt ist, dass die beiden nach jedem Erfolg (= meine Bewunderung, Begeisterung und viele Leckerchen) relativ entspannt weiterlaufen auf der Suche nach der nächsten Entdeckung. Und sie kommen tatsächlich erst auf Touren, wenn sie eine konkrete Spur finden oder Wild sehen.

Interessanterweise war gerade Indiana, die ja auf jagdlichen Erfolg aus wäre, sehr schnell davon zu überzeugen, dass ich da eine richtig gute Idee hatte. So sehr verwunderlich finde ich das nicht. Denn für sie bedeutet Jagd Essen finden. Und das bekommt sie ja. So richtig Hunger hat sie sowieso nicht, da es bei uns 2x täglich für die Hunde ausreichend zu essen gibt. Also sind die Leckerchen für die Entdeckung des Wildes vielleicht so was wie für uns ein paar Gummibärchen oder ein Keks zwischendurch. Denkbar wäre es.

Beim Maxl habe ich eher den Eindruck, dass er seine Aufgabe „Wild finden“ sehr bedeutungsvoll findet. Schließlich ist er derjenige, der uns beiden mitteilt, wer wo steht oder läuft und ob wir erfolgreich sein könnten. Jedes soziale Lebewesen braucht in seiner Gruppe eine Aufgabe. Den Familienmitgliedern sagen zu können, wo es was zu essen gibt, ist nicht die unwichtigste.

Es gibt drei Tierarten, da besteht nur einseitiges Interesse: Schlangen, Mäuse und Maulwürfe. Indiana ist für diese drei eine ausgewiesene Spezialistin und sie buddelt wie ein Schaufelbagger - allerdings nur an Löchern oder Maulwurfshaufen, die ihr erfolgversprechend erscheinen. Wenn wir also über die Wiese hinterm Haus gehen, müssen wir immer bestimmte Stellen aufsuchen, die sie dann sofort gründlich untersucht. In der Regel findet sie mindestens ein Mausloch, bei dem sie ihr Glück versucht. Zum Glück für die Mäuse war sie noch nie erfolgreich. Ebenso muss sie jede Ansammlung von Maulwurfshaufen genau untersuchen. Wenn kein Maulwurf zuhause ist, können wir entspannt weitergehen, sonst wird erst mal gebuddelt.

5. Indiana auf der Mäusewiese

Nachdem sie das jetzt schon seit Jahren so praktiziert, könnte man annehmen, dass sie irgendwann damit aufhört. Schließlich hat sie noch nie eine Maus oder einen Maulwurf erwischt. Im Gegenteil. Mir kommt es so, vor als wären manchen Runden nicht komplett, wenn sie nicht nachsehen und eine Runde buddeln dürfte. Anscheinend ist Buddeln tatsächlich so etwas Schickes, dass die Hunde die Tätigkeit an sich schon super finden. Auch wenn die Mäuse das grundsätzlich überleben, bzw. offenbar genug Zeit haben, sich vom Acker zu machen. Ca. fünf Minuten dauert das immer, dann schaut sie mich zufrieden mit dreckverschmierter Nase an und wir können weitergehen.

Der Maxl findet dieses Gebuddel ziemlich öd. Anfangs hat er immer versucht, mich zum Weitergehen zu bewegen. Das geht natürlich nicht. Also kann er in der Zwischenzeit Leckerchen suchen. Das hat den Effekt, dass er sofort, wenn Indiana anfängt, Mäuse zu suchen, zu mir kommt und mich auffordert, Leckerchen zu verteilen.

6. Buddeln beendet – wir können weitergehen

Schlangen, das bedeutet bei uns: Ringelnattern, die es auf unserem Gelände zu unserer großen Freude sehr zahlreich gibt. Gott sei Dank verstecken sie sich immer sehr gut, aber hin und wieder wird eine entdeckt und wenn ich nicht schnell genug bin, wird sie leider ermordet. Ich mache dann immer ein irres Geschrei, hopse herum und versuche alles, um Indiana abzulenken. Meistens gelingt mir das auch. Denn zum einen bin ich mit den Ringelnattern gut befreundet, zum anderen habe ich einfach Bedenken, dass sie auch mal an eine Kreuzotter gerät. Die sind bei uns zwar selten, aber eine reicht.

Schlangen findet der Maxl eklig und das ist mir sehr recht.

Der Maxl findet alles gut, was wegrennt. Das ist im Laufe der Jahre zwar schon sehr viel besser geworden und er ist nicht mehr ganz so wagemutig, aber egal was über die Wiese rennt: Fuchs, Hase, Reh, Katze.... wenn der Dackel nicht angeleint ist, ist er weg. Und man glaubt es kaum, wie schnell diese kleine Rakete werden kann. Immerhin lässt er Gänse und Kraniche in Ruhe. Wenn er alleine mit einem von uns unterwegs ist, kann man ihn fast überall frei laufen lassen, man muss nur schnell sein, wenn er etwas Spannendes entdeckt. Ca. zwei Sekunden hat man dann Zeit, ihn entweder per Zauberwort oder Pfeife abzurufen, oder ihm durch begeisterte Lobeshymnen mitzuteilen, dass es jetzt gleich superleckeres Essen gibt.

Im Gegensatz zu Indiana, die sehr ruhig und überlegt an die Sache herangeht und erst dann loslegt, wenn's darauf ankommt, ist unser Kleiner sehr schnell auf 180 und darum gewissermaßen rund um die Uhr einsatzbereit. Ihm geht es vor allem ums Anzeigen und Hetzen, egal was. Nachdem er mittlerweile nicht mehr der Jüngste ist und einige Male erlebt hat, dass er mit Hetzen nicht weit kommt, ist er auch immer schneller bereit, selbst im Freilauf umzudrehen und zurückzukommen. Ebenso hat sich Indiana im Laufe der Jahre davon überzeugen lassen, dass die gemeinsame Begeisterung über die großartige Entdeckung in Kombination mit gutem Futter eigentlich auch sehr schön ist.

Weil wir wegen der genannten Gefahren, die im Wald auf uns lauern, die Wege nicht oder nur sehr selten verlassen, halten wir uns an einige Regeln:

1. Wir gehen nur bis zur ersten Baum-/Buschgrenze, bzw. 10 bis max. 20 Meter in den Wald hinein, wenn man gut sieht, was da los ist. Danach oder bei dichtem Unterholz ist der Wald tabu.
2. Wir suchen immer die frischesten Fährten oder Gerüche.
3. Wir freuen uns gemeinsam über den kleinsten Erfolg, sprich über jede Sichtung und jede Entdeckung einer frischen Spur oder auch über die Entdeckung von alten Rissen und Tierkadavern, die der Fuchs oder Wolf liegen gelassen hat.
4. Ich habe versprochen – und daran muss ich mich auch halten –, alle Entdeckungen meiner Hunde zu registrieren und zu kommentieren und mich bei ihnen dafür zu bedanken.
5. Meine Hunde werden ausschließlich fürs Anzeigen bewundert und belohnt. Alles andere ist tabu.
6. In sehr seltenen Fällen arbeiten wir auch eine Spur aus, d.h. wir folgen ihr soweit, dass wir niemanden dabei in Gefahr bringen.

5. Wer jagt wie?

Es gibt viele Theorien, warum Wölfe sich den Menschen angeschlossen haben und wie sich das Zusammenleben anfangs gestaltete. Die hier hält sich hartnäckig: Wölfe sind großartige Jäger und haben den Menschen bei der Jagd geholfen. Rein theoretisch wäre das denkbar. Allerdings gehen die meisten Wissenschaftler inzwischen davon aus, dass Wölfe eher aus anderen Gründen bei uns landeten: Fleisch- und Fellvorrat für schlechte Zeiten, Vernichter von Ungeziefer im Lager, Windeln = Popo abputzen und Kackreste vom Babypopo beseitigen für die Kleinkinder, Spielgefährten der Kinder und vielleicht auch als Alarmanlagen. Wenn Wolfswelpen gefunden wurden, dann konnte es vorkommen, dass die Menschen sie einfach mitgenommen haben.

Eine andere Möglichkeit: um menschliche Lager lagen Abfälle, die u.U. für einen einsamen, hungrigen Wolf interessant waren. Wenn so ein Tier sich erst einmal an die Anwesenheit der lauten Menschen gewöhnt hatte, war es vielleicht auch dazu bereit, richtig Kontakt aufzunehmen. Vielleicht auch erst die dritte oder vierte Generation dieser Wölfe, wer weiß?

Menschen und Wölfe sind Nahrungskonkurrenten: Beide lebten zum Teil von der Jagd, aber auch vom Auffinden von Kadavern. Wir dürfen beruhigt davon ausgehen, dass eine Gruppe umherziehender Menschen an großen Kadavern genauso interessiert war wie Wölfe, Bären, Krähen, die mit ihrem Geschrei nicht nur Artgenossen, sondern auch andere Interessenten anlockten. Wer als Erster in genügend großer Anzahl dort war, der konnte sich satt essen und die anderen verjagen. Warum hätten erfolgreiche Beutegreifer einfach so den Nahrungskonkurrenten helfen sollen? Zum Teil landeten Wölfe als Welpen, die von den Menschen gefunden wurden, bei menschlichen Horden und wurden aufgezogen. Hilfsmittel wie Leinen und Halsbänder waren vor 35.000 Jahren nicht bekannt. Ein gesunder, junger Wolf, der aus welchen Gründen auch immer in einer Menschengruppe gelandet war und dort überlebt hatte, konnte sich einfach vom Acker machen, wenn er das wollte. Nummer zwei und drei der oben genannten Möglichkeiten erscheinen also deutlich wahrscheinlicher.

In einigen Kulturen entstanden früh Jagdhundrassen, z.B. Windhunde. Auf Höhlenzeichnungen sieht man windhundartige Hunde, die offensichtlich

Jäger (= Menschen mit Speeren) begleiten. Da unsere Vorfahren mit ihrer Umgebung gut vertraut waren, waren sie vermutlich auf die Fähigkeiten der Hunde, bzw. Wölfe nicht unbedingt angewiesen. Sie konnten Spuren lesen, durch ihr Leben im Freien wussten sie genau, wer sich wann wo herumtreibt, sie konnten mit Sicherheit unterscheiden, welches Tier aus einer Herde am leichtesten zu erlegen ist, lautloses Anschleichen beherrschten sie ebenfalls, und durch die Erfindung effektiver und weitreichender Waffen wie Speere und Lanzen war es möglich, Beutetiere in die Nähe der Speerwerfer zu treiben, die sie dann erlegen konnten.

Vielleicht hat der eine oder andere bei den Menschen lebende Wolf sich sehr gerne beteiligt und damit wurde die gemeinsame Jagd effektiver. Aber ganz offensichtlich fanden es einige auch ganz praktisch, wenn sie ihr Essen frei Haus geliefert bekamen. So kann man sich vielleicht erklären, warum es doch relativ viele Hunde gibt, denen das Jagen nicht unbedingt wichtig ist, während andere sich zu hervorragenden Jagdpartnern entwikkelten. In dem Buch „Der Hund" beschreibt Erik Ziemen ein Volk in Afrika, das er besucht hat, die sich ziemlich darüber amüsieren, dass Hunde etwas anderes tun sollen, als im Dorf bei den Frauen und Kindern zu bleiben.

Das ändert nichts an der Tatsache, dass im Prinzip alle Hunde in der Lage wären, eine ihrer Größe und ihren körperlichen Fähigkeiten angemessene Beute zu erlegen. Und alle bringen das Talent dazu mit. Wie bei allen Talenten ist es so, dass sie bei verschiedenen Individuen unterschiedlich ausgeprägt sind. Musikalische Menschen spielen nicht alle Klavier oder Geige. Manch einer entscheidet sich vielleicht dazu, überhaupt kein Instrument zu spielen, sondern aufgrund seiner musikalischen Begabung und Vorlieben Tontechniker oder Musikproduzent zu werden. Wenn Sie also einen jagdbegeisterten Hund haben, dann sollten Sie gut unterscheiden können, wie er tatsächlich jagt, was er am liebsten macht und wie Sie mit ihm sein Talent so fördern und ausleben können, dass Sie und er ihren Spaß haben und trotzdem keine anderen Tiere zu Schaden kommen.

Für viele Menschen ist „jagen" gleichbedeutend mit „hetzen". Damit liegen sie natürlich nicht ganz falsch, es ist nur etwas kurz gedacht. Deshalb sei hier nochmal an die Jagdsequenz erinnert:
„Auffinden der Beute - Orientierungshaltung - Blickkontakt zur Beute - Anpirschen / Einkreisen - Hetzen / Scheuchen - Angriff / Packen - Töten - Zerlegen - Konsumieren oder Wegtragen / Konsumieren".

Wir wollen uns der Reihe nach mit allen Punkten befassen und Sie werden sehen, wie vielfältig Jagen ist und wie viele unterschiedliche Herangehensweisen notwendig sind, damit ein Hund ans Ziel kommt. Daraus erklärt sich dann auch, warum eine Jagd zu mehreren einfach mehr Erfolg verspricht.

Auffinden der Beute - Kontrollgänge

Dieser enorm wichtige Teil der Jagdsequenz wird von vielen Menschen gar nicht bemerkt oder auch vollkommen unterschätzt. Bei uns ist jeder einzelne Gang rund ums Forsthaus ein Kontrollgang, damit wir im Zweifelsfall wissen, wer sich wo aufhält. Das bedeutet nicht unbedingt, dass man sich sofort aufmacht, um ein Tier zu erlegen, aber es erleichtert die aktive Jagd, bei der es ernsthaft um Beutemachen geht, ungemein, wenn man weiß, wann die Damhirsche oder Rehe oder Hasen wo zu finden sind. Je besser wir also Bescheid wissen, wo unsere Hunde welches Wild entdecken können, umso aufmerksamer sind wir und umso effektiver können wir unsere Mitarbeit gestalten.

Rehe finden wir im Wald oder auf dem freien Feld in der Nähe von Waldrändern, Mäuse und Maulwürfe auf der Wiese und Katzen in Wohngebieten. Meine Indiana hat Katzen und Mäuse zum Fressen gerne - bitte wörtlich nehmen. Rehe findet sie auch schick, aber sie weiß schon, dass sie da schlechte Karten hat. Wenn wir also am Nachbarhaus vorbeigehen, ist sie sehr angespannt und aufmerksam, um ja keine Katze zu versäumen. An bestimmten Stellen in der Wiese hinter unserem Anwesen - dort sind immer jede Menge Mauselöcher oder Maulwurfshaufen - schnüffelt sie konzentriert an den Löchern oder Haufen. Bis wir dorthin kommen, ist sie in der Regel entspannt und schlendert gemütlich durch die Gegend.

Der Maxl, der als Dackelmix zum Größenwahn neigt, würde vermutlich gerne mal ein Reh oder noch besser einen Hirsch erlegen. Darum interessieren ihn die Katzen nur als lästige Nachbarn, Mäuse und Maulwürfe so gut wie nicht. Er ist auf der Wiese so lange entspannt, bis er im Bruch oder am Waldrand etwas entdeckt, aber im Wald immer sehr aufmerksam.

Die Jagd beginnt in dem Moment, in dem wir unser Anwesen verlassen, und je nach ihren individuellen Jagdinteressen sind die Hunde entsprechend angespannt oder nicht. Jetzt ist es ja so, dass Indiana nichts dagegen hätte, wenn sie auch mal größere Beute finden könnte, aber sie weiß sehr genau, dass der Maxl hervorragend einschätzen kann, ab welcher Entfernung es sich für uns lohnen würde. Also überlässt sie ihm im Wald diesen Teil der Jagd: Beute ausfindig machen. Allerdings nur bei Beutetieren, die man alleine nicht so ohne weiteres erwischt. Dass er sich weder für Mäuse noch Maulwürfe interessiert, macht nichts, denn sie kümmert sich alleine darum.

Orientierungshaltung / Anzeigen

Wenn ein jagdlich interessierter Hund unterwegs ist, und er bekommt die Information, dass Wild in der Nähe ist, dann bleibt er zunächst stehen und orientiert sich in die Richtung, aus der die Information kam. Er kann das gesehen, gehört oder gerochen haben, die Information ist aber noch nicht 100% sicher, so dass er erst absichert, wo das überhaupt genau herkommt und ob es sich lohnt, was daraus zu machen.

8. Orientierungshaltung

Daraus kann ein deutliches Anzeigen entstehen, das noch klarer als die reine Orientierungshaltung besagt: Bitte alle mal hinschauen, da ist was Interessantes im Busch. Wie interessant es ist, erkennt man an der Anspannung des Hundes und an der Einbeziehung (Blickkontakt: Seid ihr dabei)? aller potentiellen Partner. Unter Umständen stellt der Hund fest, dass er sich getäuscht hat oder sich weitere Anstrengungen nicht lohnen und entspannt sich wieder. Aus dem Anzeigen heraus kann sich der Hund entscheiden, ob er sich näher anpirschen muss, ob es sich lohnt loszuhetzen oder ob er lieber weitergeht. Das Anzeigen sehen wir bei allen Hunden, nur wird es leider in den seltensten Fällen erkannt und entsprechend gewürdigt. Manche Hunde heben bei großer Anspannung die Pfote, das hat aber noch nichts mit „Vorstehen" zu tun. Wer seinen Hund und seine jagdlichen Vorlieben kennt, sieht an der Art der Anzeige, welches Wild gemeint ist.

Blickkontakt zur Beute

Auch beim Anzeigen kann schon Blickkontakt zur Beute entstehen, beim Vorstehen ist er definitiv vorhanden, da dies erst gezeigt wird, wenn der Hund sicher weiß, wo sich die Beute, z.B. der Fasan oder der Hase, verborgen hält. Vorstehen ist sehr hohe Jagdkunst und muss nicht nur genetisch angelegt sein, es muss darüber hinaus auch direkt geübt werden. Wenn ein Hund das Vorstehen richtig gut beherrscht und gerne zeigt, sollte man es definitiv mit ihm aufbauen, da man ihm damit für ein ganz besonderes Talent sehr viel Anerkennung zeigen kann.

Vorstehen wird oft mit den Anzeigen oder dem Beschwichtigungssignal „Pfote heben" verwechselt. Im Unterschied zu diesen beiden Verhaltensweisen ist der Körper des Hundes extrem angespannt, häufig leicht abgeduckt und wie erstarrt. Die Nase zeigt wie ein Pfeil dorthin, wo sich die Beute verbirgt, die Bewegungen sind minimal und mit diesen minimalen Bewegungen beeinflusst der Hund gezielt die Bewegungen der Beutetiere. Bei großer Entfernung zur Beute sieht man deutlich das angespannte Abducken der Hunde, aber sie können sich dabei pfeilschnell in Richtung Beute bewegen.

Anpirschen und Einkreisen

Dies kann sich aus dem Blickkontakt bzw. dem Vorstehen sowohl sehr schnell als auch sehr langsam entwickeln. Es passiert immer in einer geduckten und angespannten Haltung, um das Beutetier nicht vorzeitig aufmerksam zu machen und aufzuscheuchen.

9. Indiana und Lupo versuchen sich im Anpirschen

Hetzen / Scheuchen

Ein gut geübter Jäger wird erst dann losrennen, wenn er sicher ist, seine Beute zu erwischen. Da viele Hunde das nie richtig lernen können, rennen sie einfach los, wenn sie irgendetwas sehen, hören oder riechen. Beim Hetzen werden aber nicht nur die Energiereserven des Beutetieres verbraucht, sondern auch die des Jägers. Wildcaniden gehen mit ihrer Energie sehr sparsam um, da sie keine Tiefkühltruhe zuhause haben, aus der sie im Notfall ihr Abendessen holen können. Deshalb dauert dieser Vorgang bei Wildcaniden in der Regel relativ kurz, bei unseren Haushunden kann er deutlich länger dauern. Ein gut geübter Jäger weiß auch, wann er das Hetzen abbrechen muss, da er das Wild nicht mehr erwischen kann und einfach zu viel Energie vergeuden würde. Wildcaniden hetzen nicht um des Hetzens willen, sie hetzen, um Beute zu machen. Das ist bei jagenden Haushunden meistens anders. Es gibt genügend Hunde, die es einfach toll finden, hinter egal was herzurennen. Wenn sie das Reh oder den Hasen erwischt haben, kann es durchaus sein, dass sie dann nicht mehr wissen, was sie tun sollen. Für das gehetzte Tier ist das nicht so lustig. Viele von ihnen sterben dann einfach an Erschöpfung oder am Stress. Schon allein deshalb sollte man es niemals zulassen.

Angriff / Packen - Töten

Die Regel ist auch bei ungeübten Hunden, dass sie reflexartig zubeißen, sowie sie der Beute habhaft werden können. Das ist nichts anderes, wie wenn ein junger Hund hinter einem Ball oder Frisbee herjagt und in dem Moment zubeißt, in dem es in greifbarer Nähe ist. Wurde einem Hund also das Zubeißen nicht durch langwierige Zucht über viele Generationen abgezüchtet oder zumindest gemildert, wird fast jeder Hund die fliehende Maus oder Katze oder das gestellte Reh packen, sobald das möglich ist. Wie das abläuft, ist abhängig von der Größe des Hundes und des Beutetieres, aber auch von der Wehrhaftigkeit des Beutetieres und der Entschlossenheit und Erfahrung des Jägers.

Ein wehrhaftes, kleines Beutetier wie z.B. eine Katze wird, wenn der Hund sie nicht sofort beim Genick erwischt, immer wieder attackiert und gebissen, bis sie so stark verletzt ist, dass sie sich nicht mehr wehren und getötet werden kann. Noch kleinere Beutetiere wie Mäuse oder Maulwürfe werden mit dem sogenannten Mäuselsprung angegriffen und mit den Pfoten fixiert und dann entweder durch einen kurzen Biss oder Schütteln getötet. Größere Beutetiere werden nach Möglichkeit von unten an der Kehle gepackt, niedergerungen und dann mit Kehlbiss getötet. Das beherrschen manche Jagdhunderassen sehr gut, einige Rassen werden regelrecht dafür eingesetzt, das verletzte Wild mit einem gezielten Kehlbiss zu töten.

Das sind nur einige Beispiele, wie das Angreifen und Packen vor sich geht. Wenn ein Hund erst das Beutetier gepackt hat, wird er auch versuchen, es zu töten. Das gelingt unseren in der Regel ungeübten Jägern meistens nicht gut, verletzt wird das Beutetier aber auf alle Fälle. Und leider können sie durchaus lernen, ein Tier zu töten. Aber selbst wenn sie das gehetzte Reh nicht töten, haben sie diesem Tier kostbare Energie geraubt und es extrem in Stress versetzt. Gerade im Winter, wenn die Versorgungslage für die Wildtiere sehr schlecht ist, kann das den anschließenden Tod des gehetzten Tieres bedeuten. Es gibt keinen Grund, einen Hund Wild hetzen zu lassen, denn diese Tiere haben wie wir alle das Recht darauf, ein friedliches Leben zu führen. Nur weil einer unserer Hunde eben gerne hetzt, ist das kein Grund, ein anderes Lebewesen in Angst und Schrecken zu versetzen.

Zerlegen

Wildcaniden zerlegen das Beutetier in der Regel sofort, sofern es groß genug ist und nicht als Ganzes gefressen werden kann. Bei größeren Beutetieren wird die Bauchdecke aufgerissen. Kleinere Beutetiere wie z.B. Hasen werden ebenfalls erst am Bauch geöffnet, allerdings kann es schon vorkommen, dass hier auch noch mehr Fellteile gefressen werden. Ganz kleine Beutetieren wie Mäuse werden durchgekaut und verschluckt.

Wegtragen oder Konsumieren

Dieser Teil kommt bei Haushunden so gut wie nie vor, Ausnahmen sind verwilderte Hunde, die sich durch Jagd ernähren. Wenn Welpen im Rudel leben, wird ein bestimmter Anteil für die Welpen entweder im Maul oder im Magen weggetragen. Teilweise werden auch ganze Stücke von sehr großen Tieren, die nicht sofort konsumiert werden können, vergraben. Und natürlich stillt jeder sofort seinen Hunger, sowie das Beutetier am Boden liegt. Bei Apportierhunden wurde der Teil „Wegtragen" ganz besonders herausgezüchtet, damit sie die Ente / den Hasen zum Jäger bringen. Konsumieren ist bei allen Jagdhunden unerwünscht.

Ich gehe davon aus, dass Sie spätestens bei Hetzen / Scheuchen der Meinung sind, dass Ihr Hund das besser nicht tun sollte, selbst wenn er noch so begabt dafür ist. Die Möglichkeit, dem betroffenen Beutetier nicht zu schaden, ist bei diesem Teil der Jagdsequenz definitiv nicht mehr gegeben. Auch beim Einkreisen und Anschleichen muss man schon sehr geübt sein und gut aufpassen, denn ein Spaß ist es definitiv für das betroffene Tier nicht, wenn es schließlich doch einem hochmotivierten Hund gegenübersteht.

10. Bei Retrievern - hier ein Flat Coated Retriever - ist aus dem Wegtragen apportieren geworden.

Wie wenden wir dieses Wissen an?
Wir müssen uns darüber im Klaren sein, dass jeder Hund vom Chihuahua bis zur Dogge diese Fähigkeiten mitbringt. Ein Chihuahua wird sich vermutlich weniger auf Rehe stürzen, aber ausgeschlossen ist das bei einem besonders selbstbewussten und mutigen Exemplar nicht, auch wenn er nicht sehr erfolgreich sein wird. Selbst wenn Sie den siebten Hund derselben Rasse haben und keiner seiner Vorgänger aktives Interesse am Jagen hatte, kann dieser Hund der erste sein, dessen größtes Glück das Aufspüren oder Hetzen oder Apportieren von Beute ist.

Dass Sie ihm seine Jagdbegeisterung schon abgewöhnen werden, weil es Sie stört oder weil Sie andere Vorstellungen von Spaziergängen haben, ist eine ziemlich verwegene Idee, die vermutlich in den allermeisten Fällen nicht funktioniert - außer, Sie knüppeln Ihren Hund bei jeder unerwünschten Aktion dermaßen in Grund und Boden, dass er nur nach genehmigten Anträgen wagt zu atmen. Wenn Sie das wollen, dann klappen Sie das Buch bitte jetzt zu, verwenden es zum Einheizen oder schenken es weiter. Denn hier geht es nicht darum, einem Hund ein seit Millionen von Generationen ererbtes Talent, das er eigentlich zum Überleben braucht, abzugewöhnen, sondern ihm aufgrund seiner phantastischen Anlagen Erfolge zu verschaffen, die niemandem schaden, aber Sie und ihn erfreuen.

Dazu stellen Sie bitte folgende Überlegungen an:
Welche der oben genannten Sequenzen findet mein Hund besonders toll?
Können wir das so ausüben, dass wir niemandem schaden?
Welche Alternative kann ich ihm anbieten, falls für ihn tatsächlich Hetzen das Wunderbarste ist, das er sich vorstellen kann?
Wie kann er seine Lieblingstätigkeit so ausführen, dass sich das in unseren Alltag und unsere Spaziergänge integrieren lässt?
Was muss ich bei meinen Spaziergängen ändern, damit mein Hund zu seinem Recht kommt?
Was lässt sich sofort auf unseren Spaziergängen schnell und einfach verwirklichen?

Vermutlich werden Sie sich noch sehr viel mehr Gedanken machen müssen, aber hier haben Sie schon mal eine kleine, wichtige Auswahl.

Nach meiner Erfahrung ist die einfachste Sache, Hunde fürs Anzeigen zu belohnen. Ebenso kann ich apportierfreudige Hunde relativ leicht zufrieden stellen, ohne einen Hasen zu killen. Hunde, die einfach gerne suchen, können nach einiger Übung kleine Wildfährten ausarbeiten, bei denen das Wild nicht beunruhigt wird. Im Kapitel „Was unsere Hunde alles können" werden einige Möglichkeiten aufgezeigt. Am schwierigsten ist es tatsächlich bei Hunden, die für ihr Leben gerne hetzen. Für sie muss die Aktion, die bei der Entdeckung der Beutetiere losgeht, so fantastisch sein, dass sie darauf verzichten und hoffentlich wirklich mit Ihrem Angebot zufrieden sind. Dass sich das nicht innerhalb von wenigen Wochen erfolgreich entwickelt, sollte klar sein. Mit Monaten oder sogar Jahren, bis das wirklich klappt, müssen Sie schon rechnen. Aber es gibt dazu keine Alternative.

6. Was unsere Hunde alles können

Wenn ich mit meinen Hunden durch den Wald laufe, dann bin ich vor allem damit beschäftigt, sie zu beobachten und auf die kleinen Anzeichen zu achten, die uns signalisieren: hier war ein Reh, ein Wildschwein, ein Eichhörnchen.... Eigentlich wissen wir ganz genau, dass Hunde überwiegend körpersprachlich kommunizieren, aber ausgerechnet, wenn es um Jagdverhalten geht, dann ignorieren wir ihre klaren Signale weitgehend. Meist erkennen wir den Ernst der Lage erst dann, wenn es schon viel zu spät ist.

Immer wieder höre ich von meinen Kunden die schöne Aussage: „Es war nix los und ich konnte ihn frei laufen lassen, dann hab ich mir gedacht, jetzt leine ich ihn an, aber hab's dann doch nicht gemacht, weil ja nix los war - und im nächsten Moment war er weg!" Na so was aber auch! Totale Überraschung! Und noch interessanter finde ich, wenn das regelmäßig passiert. Da sollte man doch mal anfangen nachzudenken, was da abgeht.

Jetzt kann ich leicht reden, denn mein Maxl macht dermaßen klare Ansagen, was rund um uns läuft, dass man schon blind oder sehr ignorant sein muss, um das zu übersehen. Man muss nur seine Ohren im Auge behalten, dann ist alles klar. Sowie er irgendwas bemerkt, geht ein Ohr in Habachtstellung, dann wird das andere auch ein bisschen steifer und je spannender die Sache wird, um so deutlich sieht man das an seinen Ohren, seinem Kopf und seiner ganzen Körperspannung.

Kommt Ihnen das bekannt vor? Haben Sie bei Ihrem Bello solche Anzeichen auch schon bemerkt? Es müssen ja nicht immer die Ohren sein. Vielleicht zeigt Susi das mit der Rute an oder Fifi schleicht plötzlich nur noch. Es ist auch ganz egal, welcher Hund was wie anzeigt, Sie müssen nur erkennen, dass er Ihnen gerade eine wichtige Botschaft mitteilt, die Sie gefälligst verstehen sollten. Denn solche Anzeichen gehören zum Anzeigeverhalten von Hunden und ihre vierbeinigen Weggefährten verstehen die sehr wohl, nur wir sind schlicht zu unaufmerksam und uninteressiert. Und dann machen wir die Leine ab, weil er ja so schön entspannt läuft, bekommen woher auch immer nach einiger Zeit die Botschaft „Lein ihn an, hier ist was im Busch!!!" - und reagieren mit Ignoranz. Und zack - weg ist er, allein im Wald oder über die Wiesen. Es bleibt ihm ja auch nichts anderes übrig, denn wir haben ihm deutlich mitgeteilt, dass uns seine Interessen schnurzpiepegal sind, und machen nicht mit. Also zieht er alleine los.

Das Anzeigen gehört zu den Verhaltensweisen, die alle Hunde beherrschen. Es lohnt sich definitiv, darauf zu achten, und zu lernen damit umzugehen. Denn mit dem Anzeigen von welchem Wild auch immer und mit einer guten Reaktion darauf können wir unseren Hunden wunderbare Jagderfolge verschaffen, die niemanden gefährden und sehr leicht zu erzielen sind.

Ähnlich verhält es sich bei jungen Hunden mit Dingen, die sie aufheben und mitschleppen. Fast alle jungen Hunde fangen das irgendwann an. Anstatt das sofort zu verbieten - wieso eigentlich? -, sollte man den Hund einfach loben, dass er so was Tolles gefunden hat. Warum heben die Hunde alles Mögliche auf? Dreckige Taschentücher, Plastiktüten, leere Getränkeflaschen, Papiertüten, Stöcke, vergessene Bälle .... solange es nichts ist, was er unkontrolliert runterschlucken möchte, kann es uns doch egal sein. Er findet es eben bemerkenswert, dass im Park jemand seine Bäckertüte weggeworfen hat, und will uns das zeigen. Sie müssen es ja nicht unbedingt in die Hand nehmen, wenn Sie sich ekeln, es reicht völlig, wenn Sie sich mit ihm freuen.

Wenn ein junger Hund solche Dinge spannend findet, dann ist das eine großartige Gelegenheit, ihm zu vermitteln, dass man seine Interessen auch spannend findet, dass es toll ist, was er gefunden hat und man kann auf nette und lustige und für den Hund sehr ertragreiche Art und Weise das Ausgeben üben. Und siehe da - man bekommt einen Hund, der einem alles zeigt, was er findet, es evtl. sogar bringt und sich auch für Apportierspiele begeistert. Und wieder haben wir eine wunderbare Möglichkeit gefunden, ein angeborenes, jagdliches Talent unserer Pelznase angemessen zu würdigen und auszubauen und dabei niemanden zu gefährden.

Meine Indiana hat mir bis zum Alter von ungefähr zwei Jahren alles gezeigt, was sie gefunden hat. Sie hat es aufgehoben und wollte wissen, was das hier zu suchen hat. Womit sie auch recht hatte. Denn was haben leere Plastiktüten oder Zigarettenschachteln im Wald zu suchen? Ich habe sie gelobt und sie hat es wieder fallen lassen. Manche Dinge habe ich eingesammelt und zu Hause in die Mülltonne gesteckt. Irgendwann war ihr klar, dass Menschen die merkwürdige Angewohnheit haben, alles Mögliche zu verlieren, und hat nach und nach damit aufgehört. Für richtiges Apportieren hat sie sich nie interessiert, aber das ist auch nicht wichtig. Tatsache ist, dass sie mir nach wie vor zeigt, was sie sieht: Wild, komische Gestalten oder Hunde, die sich uns nähern, einfach alles, was ihr in unserem stillen Wald auffällt. Und das ist das Entscheidende. Denn sie zeigt mir eben auch, wenn irgendwo ein Reh aufspringt oder ein Hase läuft. Dass ich ihr von Anfang an signalisiert habe, dass wir gemeinsame Interessen haben, macht es ihr leicht, mich in ihre Entdeckungen einzubeziehen.

Für Hunde, die gerne Gegenstände apportieren, bedeutet das aber noch mehr. Man kann mit ihnen Verlorensuche aufbauen, bei der sie kleine Gegenstände auf dem Weg suchen und bringen, die wir zuvor „verloren" haben. Das können alte Schlüsseltäschchen, Handschuhe oder Haarbänder sein, oder irgendetwas in dieser Größe. Der Hund lernt, den ganzen Weg zurückzulaufen und aufmerksam etwas zu suchen, was nach uns riecht. Er nimmt es auf, kommt zurück, gibt seine Beute ab und wird über die Maßen gelobt und belohnt. Dadurch können auch Hunde, die im Wald nie frei laufen dürfen, eine Art kontrollierten Freilauf bekommen. Wenn Sie erst einmal gesehen haben, in welchem Tempo ein gut trainierter Hund eine Strecke von mehreren hundert Metern absolviert, außer Sichtweite um die Kurve verschwindet, alles genau registriert, was rumliegt, den richtigen Gegenstand schnappt und noch schneller zu Ihnen zurückkommt, dann müssten Sie Ihren Hund eigentlich auf Knien empfangen, um diese Leistung angemessen zu würdigen. Ihrer Pelznase reicht es aber vollkommen, wenn Sie jetzt Leckerchen und Bewunderung üppig austeilen.

Für viele Hunde ist es enorm wichtig, zuerst die gestellt Aufgabe zu erfüllen und erst dann anderen, spannenden Angeboten nachzugehen. Unser Kromfohrländer Fritzi war ein begeisterter Apportierer. Mein Mann hatte einmal an einer Stelle, an der er öfter Verlorensuche mit den Hunden machte, einen alten Handschuh hinterlegt und den Fritzi nach ca. dreihundert Metern zurückgeschickt. Kurz bevor Fritzi an seiner Beute angekommen war, kam ein Waschbär aus dem Wald und inspizierte den Handschuh. Waschbären sind sehr neugierig und dieser dachte wohl, das ist vielleicht was zu essen. Waschbär!! Das Hassobjekt Nummer 1! Mein Mann bekam natürlich Panik und versuchte, Fritzi abzurufen - keine

Chance. Der Waschbär flüchtete zurück in den Wald auf einen Baum, Fritzi warf ihm nur einen kurzen Blick zu und brachte den Handschuh zu meinem Mann - natürlich fiel die entsprechende Begeisterung riesig aus.

Das gibt Ihnen eine kleine Vorstellung davon, was in einem Hund vorgeht, den Sie unbedingt von einer großartigen Hetze abrufen wollen. Vielleicht hört Ihr Hund Sie gar nicht, vielleicht denkt er sich aber auch: gleich, erst muss ich den Hasen holen. Natürlich sollte man auf alle Fälle einen Notrückruf aufbauen, aber Hunde haben eben Prioritäten: erst holen wir das Schlüsseltäschchen, dann bringen wir es zurück und dann kümmern wir uns evtl. um den Waschbären - was wir durch einfaches Anleinen verhindern können. Genauso kann die Priorität aber auch heißen: erst hol ich das Reh, dann komm ich mit meiner Beute zu dir und dann können wir heute Abend Rehbraten essen.

Und nicht anders ist es, wenn Hunde gerne mal was genauer untersuchen. Ihre Nasen sind so phantastisch, dass wir uns das gar nicht vorstellen können. Rein theoretisch kann jeder Hund mit der Nase unterscheiden, wenn in einem Behälter mit einem Hektoliter (= 10.000 Liter) Wasser 2 Tropfen Salzsäure enthalten sind und im Kontrollbehälter mit der gleiche Menge Wasser nicht. Sie riechen Salz, das für uns vollkommen geruchlos ist, sie können Lebewesen an ihrem Geruch unterscheiden und identifizieren, sie können riechen, ob wir krank, gesund, wie alt wir sind und welches Geschlecht wir haben, sie erkennen am Geruch auch nach Jahren Orte, an denen sie schon einmal waren ... wenn das kein Grund ist, ehrfürchtig zu werden vor diesem enormen Talent! Leider verbieten viele Menschen - auch auf Anraten sehr fragwürdiger TrainerInnen - ihrem Hund das Erkunden mit der Nase, und damit werden sagenhafte Talente lahmgelegt. Denn das beste Talent nützt nichts, wenn es nicht erprobt und trainiert wird. Ganz abgesehen davon ist es schlicht tierschutzrelevant, wenn man seinem Hund verbietet, die Welt so zu erkunden, wie es für Hunde am effektivsten ist: mit der Nase.

Damit Sie sich vorstellen können, was für großartige Leistungen Hunde mit ihrer Nase vollbringen können, kommt hier eine Geschichte aus dem Hundeschulalltag.

Eine meiner Kundinnen war im Rahmen meines Welpenpakets mit ihrem Welpen bei mir, um dem kleinen Hund Kontakt zu einem freundlichen, älteren Hund zu ermöglichen. Eine Freundin hatte sich netterweise mit ihrem Rüden zur Verfügung gestellt. Wir waren auf dem Hundeplatz und gingen noch eine Runde auf der daneben liegenden Wiese. Dort hatte mein Mann am Waldrand entlang für uns einen kleinen Pfad gemäht. Meine Freundin fuhr anschließend nach Hause und wir gingen hinein, weil es regnete und wir noch etwas besprechen wollten. Aus dem Regen wurde ein Gewitter und weil wir uns sympathisch waren, verbrachten wir noch ca. eine Stunde plaudernd im Trockenen. Als das Gewitter vorbei war, brachte ich die Kundin mit Hund zum Auto und da - oh Schreck - stellte sich heraus, dass der Autoschlüssel weg war. Wir suchten den Hundeplatz ab - ein eigentlich sinnloses Unterfangen, da mein Hundeplatz ca. 4.000 qm hat. Wir liefen den Weg auf der Wiese ab - nichts. Wir untersuchten alles rund ums Auto - nichts.

Es hatte wieder angefangen zu regnen. Den Welpen konnten wir Gott sei Dank ins Auto setzen, das war nicht abgeschlossen. Mittlerweile war nochmal deutlich über eine Stunde vergangen und ich beschloss meine kleine Kromihündin Loni zu holen und mit ihr einen Versuch zu starten. Jetzt gibt es ja eigentlich keine qualitativen Unterschiede zwischen den Nasen von großen und kleinen Hunden, aber die meisten Leute trauen großen Hunden einfach mehr zu als einem zarten Püppchen. Während meine Kundin misstrauisch die Loni beäugte, überlegte ich, wie ich meiner Maus sagen sollte, dass sie etwas suchen sollte, was nach der Kundin riecht. Wir versuchten es so, dass meine Kundin Leckerchen auf ihre Handtasche legte und die Loni durfte sie fressen. Und dann zog sie los - fragen Sie mich nicht, woher sie wusste, was sie tun sollte.

Sie ging zu der kleinen Hundeplatztür, aus der wir auch rausgegangen waren, folgte unserer Spur, auf der zwei Hunde und drei Menschen und anschließend nochmal zwei Menschen gelaufen waren, die seit über zwei Stunden im strömenden Regen gelegen hatte, und blieb schließlich mitten auf dem Weg stehen. Meine Kundin lief jammernd hinter mir her und fand das alles sehr unglaubwürdig. Die Loni stand da, ich stand da, sie sah mich an, ich sah sie an, und sie zupfte immer mal wieder an einem Grasbüschel ca. 20 Zentimeter neben dem Weg. Ich bückte mich - und hatte den Schlüssel in der Hand. Meine Kundin brach in die Knie und wollte die Loni küssen - was die mit einem Riesengeschrei abgelehnt hätte. Also sagte ich ihr, sie sollte ihr Leckerchen anbieten. Mit sehr stolzem Gesichtsausdruck nahm Loni eine große Handvoll Hundeguttis entgegen, sie war der Meinung, dass sie sich diese Bezahlung redlich verdient hatte.

Sie sehen, die soziale Komponente beim Suchen - oder Jagen - spielt für Hunde eine wichtige Rolle. Kürzlich las ich einen Blogartikel einer Frau, die Wolfspopulationen in Brandenburg kartiert. Dazu sucht sie vor allem den Kot. Ihre beiden Hunde sind immer dabei und haben gelernt, dass sie sich riesig freut, wenn sie ihr dabei helfen. Dadurch sind ihre Erfolge, Kot, bzw. Losungen, zu finden, enorm gestiegen. Und auch die Hunde profitieren natürlich. Sie werden immer großzügig mit Keksen versorgt, aber wenn man die Fotos der Hunde sieht, die stolz wie Spanier neben der gefunden Wolfskacke sitzen oder liegen, dann weiß man, die Kekse sind häufig die Schokostreusel auf dem Cappuccino, viel wichtiger ist es allerdings, dass man zusammen etwas erfolgreich erledigt hat.

11. Maxl untersucht die Reste eines Hirsches.

Bei unseren Jagdspaziergängen finden wir oft Reste von Rissen. Je nach Größe des Kadavers können wir auf den Jäger schließen. Ein Fuchs erwischt mit etwas Glück auch mal einen Hasen oder einen Vogel, ab Rehgröße können wir von einem Wolf ausgehen, bei ausgewachsenen Hirschen und Schweinen müssen schon zwei oder mehr Wölfe zusammenarbeiten. Allein deshalb interessieren mich diese Risse schon, da sie mir Auskunft darüber geben, ob Wölfe hier leben, ob sie hier sesshaft sind oder nur durchziehen und unter Umständen kann ich auch daraus schließen, ob es nur einer war oder mehrere. Es ist nicht ausgeschlossen, aber eher unwahrscheinlich, dass ein einzelner Wolf auf der Durchreise ein Wildschwein oder einen Hirsch erlegt. Interessant dabei ist, dass die meisten unserer Funde nicht mal so weit ab von den Wegen sind. Nur ich allein würde sie nicht finden, da meine Nase nicht gut genug ist. Vor allem der kleine Maxl findet diese Funde großartig, und er ist auch derjenige, der uns dorthin führt. Indiana beschnüffelt die traurigen Reste dann mit eher weniger Interesse, aber sie versteht schon, dass der Maxl sich intensiv damit befassen möchte.

Nach solchen Funden gehen wir in den nächsten Wochen gezielt an diese Stellen hin und sehen nach, was noch übrig ist. Irgendwann ist tatsächlich alles bis auf den letzten Knochen weg. Meine Hunde haben dadurch vermehrt angefangen, die Waldränder zu untersuchen, geht der Weg ein paar Meter neben dem Wald, laufen sie an solchen Orten lieber direkt am Waldrand.

12. Diesen Rehkopf haben wir wieder gefunden und er wird gründlich untersucht.

Falls Sie jetzt Angst haben, dass die Hunde die Überreste fressen, kann ich Sie beruhigen. Meine Hunde lassen das in der Regel liegen, aber selbst wenn sie sich da ein paar Köstlichkeiten einverleiben würden, geht die Welt nicht daran zugrunde. Einige meiner KundInnen haben mir erzählt, dass ihre Hunde regelmäßig alles Mögliche beim Spaziergang einsammeln und sogar mit nach Hause nehmen, um es dort genüsslich zu verzehren. Nachdem manche Hunde das seit Jahren machen und nach wie vor am Leben sind, kann es nicht so gefährlich sein. Und gibt es für einen Hund einen schöneren Jagderfolg? Sicher nicht.

Die phantastischen Fähigkeiten unserer Hunde sind also kein Grund sich zu ärgern, ihnen irgendwas abzugewöhnen, schon gar kein Grund ihnen Renitenz, Ungehorsam oder schlechte Bindung zu unterstellen, sie sind eher ein Grund, sie zu bewundern und zu fördern, soweit immer es uns möglich ist. Und das bringt uns zum Thema: Spuren ausarbeiten.

Wenn im Herbst die Felder in der Umgebung abgeerntet sind und alles mögliche Kraut und Gras dort wächst, kann man in diesen Wiesen runde, runter getretene Stellen von unterschiedlicher Größe finden. Das kann von zwei bis zehn Quadratmetern gehen. Es handelt sich hier um Ruhestellen von Rot- oder Damhirschen. Je nach Größe der Wiese können diese Flecken näher oder weiter von einander entfernt sein. Man kann also mit seinem Hund erstmal die Wege abgehen und suchen, wo das Wild auf die Wiese gegangen ist. In der Regel sieht man deutliche Wildwechsel, die man einfach mal austesten kann, wenn der Hund noch unsicher ist. Nach ganz kurzer Zeit, oft schon beim dritten oder vierten Versuch wissen die Hunde, wo die frischeste Spur zu finden ist. An diesen Ruhestellen angekommen, ist meine Begeisterung überdimensional und der Keksregen erfolgt sofort. Interessanterweise wollen die meisten Hunde zuerst diese Stelle genau untersuchen, dann werden die Leckerchen verzehrt.

Ebenso kann man einem frischen Wildwechsel dann über eine gewisse Strecke folgen, wenn man einen guten Überblick ins Unterholz hat. Bei dichtem Gestrüpp und Gebüsch sollte man das tunlichst vermeiden, da wir ja niemanden überraschen und gefährden wollen. Natürlich gehen wir dieser Spur nicht endlos hinterher, irgendwann stoppen wir das mit enthusiastischer Begeisterung und vielen Leckerchen. Bei uns heißt das Signal zum Umdrehen: „Weiter gehen wir jetzt nicht“. Das sage ich auch, wenn ich die Hunde maximal eine Leinenlänge, ca. 10-15 Meter, in den Wald lassen kann, weil danach das Unterholz zu dicht ist. Ich bleibe dann auf dem Weg stehen, kommentiere das Geschehen und sage rechtzeitig, dass es jetzt gut ist. Rechtzeitig bedeutet: noch vor die Leine gespannt ist.

Sehr spannend sind auch Fuchsfährten, die in der Regel - außer der Fuchs ist noch in der Nähe - sehr ruhig und konzentriert abgearbeitet werden.

Bei uns im Garten sind nachts manchmal Füchse, deren Spuren entlang der Benjeshecke, wo viele Mäuse wohnen, werden immer sehr genau und intensiv untersucht. Das beobachte ich gerne vom Fenster aus, denn einem frei und unbeeinflusst arbeitenden Hund zuzusehen, ist eine tolle Sache.

Je öfter Sie mit Ihrem Hund solche Aktionen machen oder ihn alleine machen lassen, umso ruhiger arbeiten die Hunde ihre Spuren aus und umso leichter lassen sie sich davon wegholen. Selbstverständlich müssen Sie gut im Auge behalten, was Bello da tatsächlich macht, denn genau auf diese Art finde ich die meisten Risse. Und da gehe ich dann selbstverständlich hin und sehe nach.

7. Mehr oder weniger gute Ideen, um Hunde vom Jagen abzuhalten

Wenn Sie einen Hund haben, der gerne auf die Jagd geht, dann haben Sie mit Sicherheit schon viele Tipps und Ratschläge bekommen, wie Sie das in den Griff bekommen. Die ganz fürchterlichen, wie den Einsatz von Stromhalsbändern, werden wir hier nicht ansprechen. Dazu nur so viel: es ist verboten für alle und jeden, also auch für JägerInnen, HundetrainerInnen, TierärztInnen und PolizistInnen, einen Hund mit einem Stromhalsband zu foltern. Wer Ihnen das vorschlägt, den sollten Sie dezent darauf hinweisen, dass Sie keine Lust haben, sich strafbar zu machen, und außerdem gegen Folter sind. Denn nichts anderes ist die Anwendung von Strom zur „Erziehung".

Ganz grundsätzlich möchte ich auch hier wieder betonen, dass ich es für ziemlich absurd halte, einen Hund von etwas abzuhalten, dass wir immer mal wieder ganz gern für uns nutzen, z.B. beim Trailen oder Apportieren, aber sowie der Hund sein Talent zum eigenen Vergnügen anwendet, schreiten wir ein. Das schickt sich nicht für jemanden, der behauptet, der beste Freund oder die beste Freundin seines Hundes zu sein. Freundschaft sieht anders aus.

Sie haben ja schon gelesen, wie es sinnvoll ist, das gemeinsame Jagen so zu betreiben, dass wir niemanden gefährden, und unserem Bello und damit auch uns Erfolge zu verschaffen, indem wir z.B. Anzeigen großartig feiern oder Wildspuren aussuchen. Am wichtigsten ist dabei, dass wir aktiv teilnehmen und dem Hund für seine Erfolge große Anerkennung mit Begeisterung und vielen Leckerchen spendieren. Darüber haben wir schon ausführlich gesprochen, und jetzt sehen wir uns einige Ideen an, die oft angepriesen werden, nach meiner Erfahrung jedoch teilweise nur mit großem Aufwand, in Grenzen oder gar nicht helfen.

Wenn ich mich nicht dafür interessiere, muss mein Hund verstehen, dass es für ihn auch nicht interessant ist.

Immer wieder kann man lesen und hören, dass es eine wunderbare Möglichkeit ist, sich abzuwenden, wenn der Hund Wild beobachtet oder an Spuren schnüffelt und in den Wald möchte. Einfach abdrehen und so

Desinteresse signalisieren. Natürlich muss der Hund dazu angeleint sein, sonst macht er sich nämlich alleine auf die Socken. Wenn man nur lange genug stehen bleibt und schön konsequent die Leine straff hält, dann gibt Fiffi schon irgendwann auf. Denn dann hat er verstanden, dass ich mich nicht für Rehe, Hasen, was auch immer interessiere und sagt: Aha, wenn das so ist, dann verzichte ich auch. Echt jetzt?

Ich habe das getestet. Nicht nur mit einem Hund und ich kann Ihnen versichern: wenn Sie nicht extrem unfreundlich werden, indem Sie Ihren Bello z.B. einfach wegzerren, dann können Sie das bei den meisten Hunden komplett vergessen. Bei manchen Hunden stand ich echt locker fünf bis zehn Minuten - und die wollten immer noch hinter dem Reh her. Es haben auch einige aufgegeben und sind mit mir mitgekommen. Aber so richtig begeistert waren sie nicht, eher frustriert. Und bei der nächsten Gelegenheit ging das Spiel wieder los. Und ja: es gibt tatsächlich einige, die dann für uns darauf verzichten. Das sind dann die, die einfach alles tun, um uns zufrieden zu stellen und gerne auch mal einen Antrag fürs Atmen stellen.

Was soll so etwas denn bringen? Ist das eine Machtprobe? Ich sitze am längeren Hebel und was ich möchte, das läuft auch? Was du möchtest, interessiert allerdings wirklich niemanden? Sieht so Freundschaft aus? Wohl eher nicht.

Sanfte, nachgiebige Hunde werden enttäuscht aufgeben, unnachgiebige, die eher zur Sturheit neigen, werden nach Möglichkeiten suchen, Sie auszubremsen. Seien Sie sicher: diese Hunde werden das auch schaffen und Sie stehen dann da mit Ihrem Talent.

Ausbremsen - Hier gehst du nicht hinein!

Eine lustige Idee - besonders für Zuschauer - dürfte der Vorschlag sein, breitbeinig vor das Gebüsch oder den Waldrand, hinter dem die Wildtiere lauern, zu springen und dem Hund, der vorhat sich abzuseilen, den Weg zu versperren. Lustig deshalb, weil man bei solchen Aktionen ganz schön schnell sein und über nahezu akrobatische Fähigkeiten verfügen sollte.

Stellen Sie es sich einfach bildlich vor: Ihre Susi hat gerochen, dass ca. 100 Meter hinter dem Busch ein Reh steht. Sie wird schneller und ist mindestens 20-30 Meter vor Ihnen. Irgendwann merken Sie, dass im wahrsten Sinne des Wortes was im Busch ist. In rasender Eile sausen Sie zu dem besagten Busch - falls Sie erkannt haben, welcher das ist - , schmeißen sich zwischen Susi und den Busch und stehen da wie ein Panzer: Da gehst du nicht rein! Ich vermute mal, Susi wird Sie und Ihre Bemühungen gar nicht bemerken, da sie schon längst hinter dem Reh her und über alle Berge ist. Eventuelle Passanten dagegen könnten richtig viel Spaß mit Ihnen und Ihrer skurrilen Vorstellung haben.

An der Leine wird das eine ganz merkwürdige Sache, denn da wird's ziemlich kompliziert. Zum einen müssen Sie Susi daran hindern, ins Gebüsch zu schlüpfen ehe Sie dort sind. Also müssen Sie die Leine kurz nehmen und Susi irgendwie hinter sich bringen. Dann hüpfen Sie schnell vor und machen wieder den Panzer. Wenn Sie Pech haben, dann gibt's ordentliche Verwicklungen und Sie landen auf der Nase. Keine schöne Vorstellung - außer für das interessierte Publikum.

Und bevor Sie fragen: nein, das habe ich nicht ausgetestet. Eine Praktikantin hat mir das mal in einem Buch gezeigt, das sie total toll fand, weil so schöne Fotos drin waren. Und das entsprechende Foto war richtig gut. Da stand die Hundetrainerin mit ausgebreiteten Armen vor dem Gebüsch und ihre Hunde standen sichtlich beeindruckt vor ihr auf dem Weg. Die Qualität des Fotos macht es allerdings nicht wahrscheinlicher, dass Sie eine so offensichtlich gestellte Situation vernünftig einüben und sicher ausführen können. Dass Sie auf der Nase landen und Susi trotzdem hinter dem Reh her düst, werden Sie so leider nicht verhindern.

Platz aus der Bewegung - Down-Pfiff

Platz aus der Bewegung, evtl. kombiniert mit dem Down-Pfiff, wird häufig als eine Art Allheilmittel für jagdlich interessierte Hunde angepriesen, denn ein Hund, der sich prompt auf Pfiff oder Zuruf des Kommandos hinlegt, dreht sich in der Regel nach Ihnen um und legt sich dann hin. Damit haben Sie natürlich den Kontakt zum Wild unterbrochen, und wenn es dann auch noch klappt, dass der Hund sich zu Ihnen abrufen lässt, dann könnte das doch ziemlich perfekt sein.

Das kann funktionieren - aber! Das Signal „Platz" oder „Leg dich hin" ist ein ziemlich schwieriges Signal, mit dem man sehr vorsichtig umgehen sollte.

Mit jungen Hunden bis zu einem Jahr übe ich so etwas überhaupt nicht, da ich nicht weiß, ob der Hund evtl. Skelettprobleme hat, die durch dieses Signal richtig massiv werden können.

Einfaches Beispiel: Ihr Hund hat HD (Hüftdysplasie) und Sie haben das noch nicht gemerkt. Das kommt vor. Jetzt üben Sie auf Anraten Ihrer Hundeschule „platz" und selbstverständlich muss er auch liegen bleiben, bis Sie ihm sagen, dass er aufstehen darf. Das kann man alles nett und freundlich gestalten, das ist soweit kein Problem. Außerdem denken viele Menschen, dass das ja nicht schädlich sein kann, weil Hunde sich auch von selber hinlegen, jeden Tag mehrfach. Alles richtig. Nur: wenn sie das als Signal aufbauen, dann stellen sich viele vor, dass das auch flott gehen soll und dass der Hund das auf keinen Fall verweigern darf. Es könnte allerdings sein, dass der Hund sich gerade jetzt nicht hinlegen möchte, weil er verunsichert ist oder weil er nicht versteht, was wir wollen, oder weil er die Stelle unbequem findet oder weil ihm sein Popo wehtut. Das mit der Verunsicherung kriegt man bei guter Beobachtung des Hundes hin, auch das Problem mit der unzureichenden Erklärung, und man kann gut darauf achten, wo man solche Signale einfordert, damit der Hund nicht im Dreck liegen muss.

Wenn ihm was weh tut, ist die Wahrscheinlichkeit sehr groß, dass wir das nicht erkennen. Jetzt werden die meisten Hunde mit den leckersten Leckerchen und allen möglichen Motivationshilfen solange traktiert, bis sie sich in Gottes Namen eben hinlegen. Und wenn es denn sein muss auch sofort und natürlich auch in Kombination mit dem Pfiff. Und bei so einer Aktion kann tatsächlich eine kranke Hüfte luxieren, sprich, sie schlüpft endgültig aus dem sowieso nicht allzu gut sitzenden Gelenk raus und das war's dann. Das bedeutet zwar nicht, dass Ihr Hund nie wieder laufen kann, aber es bedeutet, dass er beim Laufen massive Schmerzen haben wird und körperlich sehr wenig belastbar ist, noch weniger als mit einer HD-Hüfte, die einigermaßen im Gelenk sitzt. Das kann dann unerfreuliche Folgen für Ihren Geldbeutel haben, da Sie vermutlich dringend tierärztliche Beratung und Behandlung benötigen. Und das alles für ein Stückchen Wurst? Und weil Sie und Ihre Hundeschule es für unabdingbar halten, dass Ihr Bello das lernt?

Wozu brauchen Sie dieses Signal? Mir fällt eigentlich nur eine vernünftige Situation ein: Sie haben ihm beigebracht, sich auch aus der Bewegung heraus hinzulegen und wollen es beim „Anti-Jagdtraining" nutzen. Keine dumme Idee, wenn die Gelenke Ihrer Pelznase in Ordnung sind. Nur gibt es viel einfachere Möglichkeiten, denn der Aufwand ist enorm und teilweise auch etwas grenzwertig.

Zuerst lernt Ihr Hund, dieses Signal immer und überall auszuführen, auch wenn tatsächlich blöderweise an der Stelle, an der er sich hinlegen soll, eine Pfütze ist, in die er sich nicht legen möchte. Dann müssen Sie mit ihm üben, das auch in Entfernung von Ihnen zu machen, z.B. mit einem speziellen Pfiff und fünf, zehn, zwanzig.... Meter entfernt. Dann müssen Sie mit ihm üben, dass er das auch aus vollem Lauf heraus macht, und dann kommt die Nagelprobe: Klappt's auch, wenn vor ihm sich etwas schnell wegbewegt? Selbst wenn Sie für diese Probe jemanden einen Ball werfen oder einen Felldummy ziehen lassen und es klappt, bedeutet das noch lange nicht, dass Bello das beim Anblick eines flüchtenden Hasen hinbekommt.

Sie machen also einen unglaublichen Aufwand für eine unsichere Sache. Die Zeit sollten Sie mit Bello wirklich sinnvoller verbringen. Denn es spielt keine große Rolle, ob Sie welche Methode auch immer mit ihm trainieren, die ihn von seinem ureigensten Interesse und von der Anwendung seines sagenhaften Talentes abhalten soll. Ihre Botschaft lautet immer, ganz gleich wie nett und freundlich Sie mit ihm umgehen: Was du möchtest ist strafbar, verwerflich, uninteressant, was ich als gottgleicher Mensch möchte, ist ungleich wichtiger und besser. Auch auf die Gefahr hin mich zu wiederholen: Freundschaft sieht anders aus.

Training am Wildgatter

Eines der Hauptprobleme bei Wildsichtungen ist, dass die meisten Tiere fliehen, sowie sie uns und unsere Hunde bemerken. Das spornt unsere Pelznasen natürlich enorm an, da sie, wie wir weiter vorne gelesen haben, nicht gelernt haben, mit solchen Situationen klar zu kommen und sie richtig einzuschätzen. Ich empfehle deshalb allen meinen Kunden, das mit ihren Hunden zu üben, so lange sie noch jung sind und der Drang, hinterher zu rennen, noch nicht so ausgeprägt ist. Auch orientieren sich Welpen zu 100% an uns und machen nach, was wir vormachen. Wenn wir also stehenbleiben, den Hund für ruhiges Hinsehen loben und großzügig mit Keksen umgehen, und dann auch noch ruhig umdrehen und weggehen, wieder mit viel Lob und Guttis, dann haben Sie gute Karten, dass Ihr Hund versteht, was er bei flüchtendem Wild tun soll. Da es aber selbst in der wildreichen Uckermark nicht immer einfach ist, Wild zu treffen, und zwar so, dass man mit seinem Hund auch noch üben kann, bieten sich als Ersatz Wildgatter an.

13. Damwild im Gatter ausnahmsweise in Bewegung

Der große Vorteil von Wildgattern ist, dass die Damhirsche, die dort meistens anzutreffen sind, sich sehr ruhig verhalten. Sie wissen, dass ihnen von den Hunden und Menschen, die da stehen und sie anschauen, keine Gefahr droht. Ob ihr Geruch identisch ist mit dem von freilebenden Damhirschen, kann ich nicht beurteilen. Aber ich gehe davon aus, dass der Hund zunächst mal lernt, mit diesem Geruch ein ruhiges, evtl. eher langweiliges „Ich-schau-mir-das-in-Ruhe-an"-Gefühl zu verknüpfen. Wenn sich die Hirsche bewegen, evtl. sogar mal ein paar schnellere Schritte machen, kann man auch das mit „Wir gehen lieber weg" verbinden, bzw. mit großem Lob und vielen Leckereien bestätigen, dass ruhiges Hinsehen und entspanntes Weggehen einfach nur großartig sind. Sehr viel mehr ist aber nicht drin. Wenn sich nie die Gelegenheit ergibt, etwas Vergleichbares in freier Natur zu üben, dann können wir uns nicht sicher sein, ob es im Ernstfall tatsächlich klappt, dass unsere Pelznase bei uns bleibt und nicht hinterher düst.

14. Damhirschrudel im Gatter

Training an Wildgattern ersetzt auch nicht das gemeinsame Jagderlebnis, es dient im besten Fall dazu, einem Hund klar zu machen, dass man nicht hinter allem und jedem herrennen muss, sondern einfach nur mal hinkukken kann.

Wild beobachten

Sollten Sie wissen, wo sich eine Kirrung (Stelle zum Anfüttern des Wildes durch den Jäger) befindet, dann könnten Sie mit Bello dort hingehen und ihn die Stelle genau und gründlich untersuchen lassen. In der Regel befinden sich diese Kirrungen in der Nähe von Hochsitzen, es kann also von Vorteil sein, sich mit dem zuständigen Jäger abzusprechen.

15. Kirrung

Viele Kirrungen werden nicht nur für eine Wildart gelegt, man findet dort z.B. löchrige, angekettete Tonnen mit Mais für die Schweine, Salzlecksteine für Hirsche und Rübenschnitzeln für alle. Unter Umständen ist es Ihnen sogar möglich, dort gemeinsam mit Bello Wild zu beobachten. Je jünger ein Hund ist, also am besten schon im Welpenalter, umso besser weiß er später, dass man nicht hinter allem und jedem herrennt, was gut riecht, sondern einfach auch mal ruhig hinkuckt und dann weggeht. Angeleint muss ein Hund in solchen Situationen immer sein.

Dauerkommandos

Ein Hund, der „bei Fuß" läuft, kann nicht jagen. Stimmt. Er könnte sich aber sehr leicht aus dieser Position lösen, wenn er nicht angeleint ist. Also lässt man ihn an der Leine „bei Fuß" laufen - für die Dauer eines Spaziergangs durch den Wald. Egal welchen Hund Sie so spazieren führen, Spaß macht ihm das sicher nicht, und ich bezweifle ernsthaft, dass Sie sehr viel Freude daran haben.

„Bei Fuß" ist für Hunde noch viel komplizierter als „Platz" aus der Bewegung, da es fast nicht möglich ist, so ein Kommando ohne Druck aufzubauen, wenn Sie es für eine längere Strecke als maximal 50 Meter einsetzen wollen. Sie müssen das wieder und wieder üben, damit er ganz sicher und zu 100% und ohne über den Sinn und Zweck der Aktion nachzudenken, geschweige sie zu hinterfragen, sofort und unwiderruflich an die gewünschte Seite kommt und dort auch bleibt, bis Sie ihn freigeben. Das macht kein Hund dauerhaft einfach so mit. Es gibt Hunderassen, für die ist es etwas einfacher. Das sind alle Hunde, denen schon seit vielen Generationen ein dauerhaft enges Laufen beim Menschen beigebracht wurde, z.B. Hütehunde (nachzulesen in meinem Buch „Hütehunde in Deutschland"). Aber auch diese Hunde laufen lieber in einer für sie angenehmen Entfernung in unserer Nähe.

Und das sind die Gründe, warum dieses Kommando so schwierig ist für Hunde:

- er muss sowohl seine als auch Ihre Individualdistanz während der gesamten Dauer unterschreiten
- er muss sein Tempo exakt Ihrem Tempo anpassen, Hunde laufen aber in der Regel ein wenig schneller als wir
- er darf während der Dauer dieses Kommandos weder schnüffeln

noch pinkeln noch kacken, da er ja sonst von sich aus das Kommando auflösen müsste und das darf er auf keinen Fall.

- um abzusichern, dass er sich nie, nie selbständig aus dem Kommando löst, müssen Sie es zu 100% immer auflösen. Sie müssen beim Losgehen „bei Fuß“ sagen und wenn Sie Ihren Spaziergang nach einer Stunde beendet haben, dann kommt ihr Freigabesignal. Das Ganze läuft über eine wahrlich unmenschlich lange Zeit, in der Ihr Hund wie ein Roboter neben Ihnen herläuft.

Frage: Was soll das für ein „Spaziergang“ sein? Das hört sich eher wie Freigang im Knast an, finden Sie nicht? Und finden Sie nicht auch, dass das für Sie eine große Belastung und Verantwortung bedeutet? Schließlich gehen wir ja unter anderem deshalb mit unseren Hunden spazieren, damit sie genau das tun können, was hier so strikt verboten ist: schnüffeln pinkeln, kacken, mit anderen Hunden Kontakt aufnehmen. Immer wenn Sie das Gefühl haben „Jetzt muss er mal...“, müssten Sie ihn freigeben und hoffen, dass er das dann auch schnell erledigt und anschließend - mit Kommando natürlich - wieder zügig an Ihr linkes, wahlweise rechtes Knie zurückkehrt. So richtig entspannt liest sich das nicht.

Ein Argument für diese Art des „Spaziergangs“ neben der Annahme, der Hund würde dann sein Interesse an den Freunden des Waldes vergessen, ist: Dann weiß ich, wo er ist. Na also bitte! Das ist doch etwas sehr an den Haaren herbeigezogen. Was hindert mich denn daran, Kontakt zu meinen Hunden zu halten und dadurch genau zu wissen, wo sie sich im Freilauf jetzt gerade befinden? Wenn ich natürlich blind und taub für meine Freunde mit ihnen durch die Gegend laufe, dann weiß ich nichts über sie. Ob dann die beste Lösung für mich und meinen Hund ist, ihn permanent in meine Nähe zu zwingen, möchte ich schon bezweifeln. Und einen Hund, der im Wald sich gerne mal allzu selbständig amüsiert, muss ich eben an der Leine führen.

In der Regel bezeichne ich alles, was ich von meinem Hund möchte (Komm zu mir, warte einen Moment ...) als „Signal“. Solche Anweisungen wie ein dauerhaftes „Bei Fuß“ sind „Kommandos“, da sie nichts mit einem freundlichen Umgang mit Hunden zu tun haben, sondern die Hunde zu hilflosen, abhängigen Knechten herabwürdigen wie eben Soldaten auf dem Kasernenhof gedemütigt und herabgesetzt werden.

Jagdersatztraining

Seit geraumer Zeit spricht man in Kreisen, in denen man sich um einen gewaltfreien Umgang mit Hunden bemüht, nicht mehr von „Antijagdtraining", sondern von „Jagdersatztraining". Das ist ein sehr erfreulicher und guter Trend. Denn aus der Wortwahl geht schon hervor, dass man dem Hund etwas anbietet, das ihm das Jagen in irgendeiner Form ersetzt. Weiter vorne habe ich schon die Verlorensuche erwähnt, die gerade für apportierfreudige Hunde eine sehr feine Sache ist. Man kann seinen Hund abgeteilte Bereiche nach Gegenständen absuchen und ihn diese apportieren lassen, also eine modifizierte Form der Reviersuche oder man versteckt ihm regelmäßig vor dem Spaziergang Spielsachen, Dummies oder andere Apportel auf der Route und freut sich, wenn er sie findet.

16. Der Berner Sennhund Bilbo war ein begeisterter Trailer

Mantrailing oder klassische Fährtenarbeit sind für viele Hunde das Größte überhaupt. Der große Vorteil ist, dass gerade beim Trailen so viele und so abwechslungsreiche Aufgaben gestellt werden können, dass man das „Spaßtrailen" bei sich zuhause mit geringem Aufwand betreiben kann. Für Hunde, die gerne suchen und knifflige Aufgaben lösen, bietet es sich geradezu an. Der Phantasie sind da keine Grenze gesetzt. Wenn Sie sich dafür interessieren, können Sie gerne in meinem Buch „Mantrailing - Praktische Anleitung (nicht nur) für Anfänger" nachlesen, wie man so was aufbaut.

Und ganz sicher ist irgendwo in Ihrer Nähe eine Hundeschule, die Trailkurse anbiete. In meinem Buch finden Sie Hinweise, auf was Sie achten müssen, um eine gute Ausbildung zu bekommen.

Dummytraining für Retriever kann man natürlich auch gerne mit seinem Hund aufbauen. Allerdings ist das nach meiner Erfahrung zwar nett für die Hunde, wenn man es freundlich und ohne Druck aufbaut, aber stinklangweilig für Menschen, weshalb viele nicht lange durchhalten und lieber zu den spielerischen Suchaufgaben zurückkehren.

Dann gibt es natürlich noch die allseits beliebten Suchspiele für unterwegs: Würstchenbäume, Leckerchensuche im Laub, einer aus der Gruppe „verschwindet" und muss gesucht werden...

So weit, so gut.

Nur wird leider immer bei dieser Vielzahl von Angeboten übersehen, dass Hunde trotzdem jagen, dass sie trotzdem liebend gerne Mäuse ausbuddeln, die Katze auf den Baum scheuchen, Hasen und Rehe hetzen wollen, und daran ändert bei einigen das schönste, freundlichste und gewaltfreiste Jagdersatztraining nichts. Wenn sie von der Leine sind, geht's ab zum fröhlichen Jagen. Wir reden hier von Hunden mit eigenen Interessen, eigenen Prioritäten und eigenen Ideen, nicht von programmierbaren Robotern

Sie sollten es trotzdem machen, wenn Sie und Bello am Apportieren, Trailen, Würstchensuche, was auch immer Spaß haben. Neben und während aktiver Jagdspaziergänge, bei denen Bello die absolute Hauptrolle spielt und Sie die Nebenrolle, kann es auch mal eine nette Pause sein, in der Sie einen Würstchenbaum präparieren oder Bello Kekse ins Laub streuen. Während er sucht, machen Sie es sich bequem und sehen ihm zu. Und Sie glauben gar nicht, wie stolz Sie beide sind, wenn er seinen ersten Trial mit erfolgreicher Suche hinter sich gebracht und den verlorengegangen Menschen zurückbegleitet hat. Das sind Erlebnisse, die Mensch und Hund zusammenschweißen und das Leben schöner machen.

8. Spuren im Schnee und anderswo

Ein sonniger Spaziergang im Winter, wenn Schnee liegt, ist nicht nur wunderschön, wir können auch unglaublich viel über Wildtiere lernen, und es ist spannend zu sehen, wie unsere Hunde mit ihren Spuren umgehen. Eine Schneedecke von ca. 25 cm reicht da vollkommen aus, wenn mehr Schnee liegt, bleibt das Wild in der Regel in seiner Deckung oder entfernt sich nur wenig, um Energie zu sparen. Scheint aber die Sonne, liegt nicht allzu viel Schnee und um die Mittagszeit wird es warm, steigt die Wahrscheinlichkeit, dass Gras an geschützten Stellen auftaut, so dass Wildtiere etwas zu fressen finden. Das lockt dann natürlich auch Füchse und Wölfe, die es bei uns in Brandenburg gibt, auf den Plan, und mit etwas Glück finden wir auch ihre Spuren neben den Trittsiegeln der Rehe und Hirsche.

Aber auch wenn kein Schnee liegt, finden wir im märkischen Sand Spuren und mit ein bisschen Übung lernt man, wie frisch bzw. wie alt sie sind. Junge Hunde, die noch nicht so genau differenzieren, oder Hunde, die sehr unerfahren sind, begeistern sich für einfach alles. Falls Sie selber ebenfalls noch Anfänger auf diesem Gebiet sind, sollten Sie sich jemanden suchen, der Ihnen mit seinem erfahrenen Hund oder auch durch eigene Kenntnisse hilfreich zur Seite stehen kann. Mit ein wenig Übung können Sie feststellen, wie alt ein Trittsiegel ist, außer der aufgewühlte Waldboden ist noch ganz frisch. Allerdings sollten Sie das Wort „Spuren" nicht auf sichtbare Spuren, also Trittsiegel, reduzieren. Unter „Spuren" sollten auch Geruchsspuren zählen, die wir eher selten und im Vergleich zu den Hunden im besten Fall schwach wahrnehmen.

Bei uns in den uckermärkischen Wäldern haben wir den großen Vorteil, dass unsere Hunde nicht von anderen Hundegerüchen abgelenkt werden, da außer uns vielleicht nur noch die Dorfhunde und hin und wieder ein paar Touristen- oder Ausflüglerhunde unterwegs sind. Aber deren Hinterlassenschaften kann man sehr leicht von Wildspuren unterscheiden. Für meine Hunde, die die Wildgerüche ständig um sich haben, sind die Hinterlassenschaften und Gerüche der fremden Hunde viel interessanter als das Wild. Besonders die Spuren unserer Gästehunde werden immer genau und gründlich analysiert, egal was im Busch rundherum los ist, bis man über den Kumpel genau Bescheid weiß.

Hunde und ihre Menschen sind nicht nur anders, sondern auch auf anderen Wegen unterwegs wie Wildtiere. Während Wild früher oder später im Wald oder auf der Wiese verschwindet, bleiben Menschen mit ihren Hunden in aller Regel auf den Wegen. Diese Spuren werden auch anders untersucht. Nach meiner Erfahrung sieht man den Hunden an, dass sie genau wissen, dass der betreffende Artgenosse schon weg ist. Es geht also nur darum, Details über ihn zu erfahren. Sie zeigen sehr selten den Drang hinterherzulaufen - außer natürlich Rüden, die eine läufige Hündin in der Nase haben. Aber auch deren Verhalten ist eindeutig. Der Geruch wird regelrecht inhaliert, der Rüde wirkt wie von einem anderen Stern, sein Blick geht nach innen und in vielen Fällen ist er kaum noch ansprechbar. Hündinnen reagieren ebenfalls auf läufige Hündinnen, manche knurren unfreundlich beim Beriechen, andere markieren drüber, die meisten zeigen eine Reaktion, die zum üblichen Erkunden von Hundespuren nicht passt.

17. Damwild ist gerne im Rudel unterwegs

Wildspuren werden untersucht auf Aktualität, ob interessante Subjekte unterwegs sind und ob es sich lohnt hinterher zu gehen. Je aktueller die Spur ist, umso schneller treffen die Hunde die Entscheidung. Meine beiden haben sich das wunderbar aufgeteilt, jeder untersucht eine Möglichkeit und schneller als ich hier schreiben kann, wird entschieden, wo es jetzt am erfolgversprechendsten ist. Mit ein wenig Übung lernen wir, wer jetzt gemeint ist: Reh, Hirsch, Hase, Katze, Waschbär, Eichhörnchen .... Das sieht man einerseits an eindeutigen Spuren auf dem Boden, z.B. frischen Huf- oder Pfotenabdrücken, aber auch daran, wo die Hunde hinwollen. Eichhörnchen, Marder, Katzen oder Waschbären sitzen in der Regel längst auf einem Baum und lachen die Hunde aus, die sich unten tierisch aufregen.

Reh- und Hirschspuren unterscheiden sich vor allem durch die Größe. Wobei Rehe und Hirsche außer im Winter selten in großen Gruppen, sondern eher allein oder zu zweit unterwegs sind. Falls also irgendwo relativ große Abdrücke in großer Anzahl zu finden sind, die kleiner sind als Trittsiegel von Rothirschen, kann es sich um Damwild handeln. Rehe und Hirsche werden in der Regel mit hoher Nase angezeigt, und meine Hunde sind extrem aufgeregt, wenn sie sich in erreichbarer Nähe aufhalten.

18. Rehe trifft man meistens allein, höchstens zu zweit

Katzen treffen wir im Wald eher selten, die befinden sich in der Nähe der Häuser. Das hat damit zu tun, dass der Wald für Katzen bei uns sehr gefährlich ist. Nicht nur die Jäger, sondern auch Füchse und Wölfe würden ihnen sehr schnell den Garaus machen. Das hat den großen Vorteil, dass sich die Aufregung wegen Katzen in engen Grenzen hält und wir auch genau wissen, in welchen Anwesen welche Katzen wohnen. Diese Samtpfötchen sehen wir auf dem Boden so gut wie nie.

Eichhörnchen sind für viele Hunde eine große Provokation, da sie schnell die Bäume rauf- und runterhuschen und die Chancen, sie zu erwischen, sehr schlecht stehen. Junge Hunde lassen sich von ihnen leicht provozieren und stehen dann erbost unter dem entsprechenden Baum. Für manch einen ist es eine Riesenaktion, von dort wieder wegzugehen, da einem Hund nicht klar ist, dass Eichhörnchen nicht auf den Boden zurückmüssen, wenn sie auf den nächsten Baum wollen. Auch ihre Spuren finden wir am Boden eher selten.

Marder, Wiesel und ähnliche Zeitgenossen sind sehr scheu und man sieht sie selten. Sie verstecken sich gerne in den großen Holzpoltern, die im Wald an den Wegen zum Abholen bereitgestellt werden. Diese Polter werden besonders im Winter genauestens untersucht, da durchaus die Möglichkeit besteht, dort fündig zu werden. Allerdings verhindere ich grundsätzlich eine Konfrontation mit den Bewohnern, denn einmal haben sie auch ihr Recht auf Ungestörtheit und dann sind sie durchaus wehrhaft und könnten einen Hund ernsthaft verletzen.

19. Auch in den Holzstapeln für unser Brennholz verstecken sich gerne mal Marder und andere interessante Tiere

Waschbärspuren sehen genauso aus, wie Sie sich Bärentatzen vorstellen, nur sehr viel kleiner, also total niedlich. Im lockeren uckermärkischen Sand sieht man sie gut, aber auch hier nur immer kurze Strecken auf den Wegen. Waschbären werden oft mit Marderhunden verwechselt, da sie ungefähr die gleiche Größe haben. Die Pfötchen von Marderhunden sind wie kleine Hundepfoten und werden deshalb leicht übersehen. Zwei ganz entscheidende Unterschiede, sind die Zeichnungen im Gesicht, also die typische Brille des Waschbären, die bei Marderhunden fehlt, und der geringelte, zweifarbige Schwanz der Waschbären. Beide sollte man aber nicht unterschätze, gerade Waschbären sind oft nicht übertrieben scheu und sehr wehrhaft, wenn sie sich in Bedrängnis fühlen.

20. Waschbärspuren

Ähnlich ist es mit Dachsen,die ebenfalls niedlich aussehen, aber nicht zu unterschätzen sind. Ihre Spuren sehe ich öfter mal am Boden. Dachse wollen lieber ihre Ruhe und gehen uns aus dem Weg. Wir haben einige große Dachsbauten in der Nachbarschaft. Diese befinden sich aber im Wald und nicht in der Nähe der Wege, deshalb befassen wir uns damit eher selten. Ob Dachse in der Nachbarschaft wohnen oder nicht, kann man auch daran erkennen, ob man ihre Toiletten findet. Dachse sind im Gegensatz zu Füchsen sehr reinlich und legen sich in einiger Entfernung ihrer Bauten richtige Klos an, also Löcher, in die sie hineinkacken. Wenn ich ein Dachsklo ausgemacht habe, sehe ich in regelmäßigen Abständen nach, ob es noch aktiv benutzt wird. Nach einiger Zeit findet man diese Klos nicht mehr, da sie, wenn sie voll sind, von den Dachsen zugescharrt werden.

21. Dachs bei seinen nächtlichen Erkundungen an unserem Zaun

22. Dachsklo

44. Dachs

Ein eigenes Kapitel sind die Wildschweine, vor denen wir alle vier großen Respekt haben. Bis auf Jäger und Wolfsrudel mit erfahrenen Schweinejägern haben Wildschweine keine wirklichen Feinde bei uns. Hunde nehmen sie - bei uns - nicht ernst. Mir ist kein Beispiel bekannt, bei dem Schweine bei uns im Wald einen Hund angegriffen hätten außer auf der Jagd. Da kann durchaus passieren, dass sie sich ein vorwitziges Exemplar vornehmen. Die Wahrscheinlichkeit, dass ein Hund eine

Auseinandersetzung mit einem ausgewachsenen Schwein gewinnt, geht gegen Null. Er kann schon froh sein, wenn er mit dem Leben davonkommt.

Hunde wissen das und meiden Schweine mindestens genauso wie Wölfe. Und wir tun gut daran, auf unsere Hunde zu hören und zwar wirklich das ganze Jahr über, da es mittlerweile ganzjährig Frischlinge gibt, die Bachen also das ganze Jahr über sehr unfreundlich bei Begegnungen mit Menschen und Hunden reagieren. Die Wühlstellen, die Sühlen und die Wechsel der Schweine sind unverkennbar. Die Wechsel sind relativ schmal, weil die Schweine immer wie auf einer Schnur hintereinander laufen, und sie sind sehr ausgetreten. Die Wühlstellen sind zwischen einem und mehreren Quadratmetern groß, man findet sie häufiger in der Nähe von Kirrstellen oder Maisackern. Dort fressen sich die Wildschweine mit Mais voll und brauchen dann zu Ergänzung tierisches Eiweiß, das sie sich in Form von Maden und Würmern aus dem Boden holen. In der Uckermark haben die Schweine genug Platz und weichen uns aus. Wenn wir zufällig auf Schweine treffen und ganz besonders, wenn sie Frischlinge dabeihaben, treten wir sofort den Rückzug an. Das ist der Garant dafür, dass sie uns in Ruhe lassen.

23. Spuren von Wildschweingrabungen an verrottenden Baumstümpfen

Füchse sind bei uns häufig auf der großen Wiese hinter unserem Haus zu sehen. Ihre Notausgänge aus den Bauten finden wir an Wegrändern, und im Sommer spielen manchmal die Welpen in der Nähe der Bauten. In der Ranzzeit im Februar kann man sie auch tagsüber hören. An den Stellen, an denen ich schon oft Füchse gesehen habe, schnüffeln meine Hunde besonders intensiv und ausführlich und teilweise markieren sie dort auch.

Einer Fuchsspur folgen sie mit tiefer Nase und genauso gradlinig, wie der Fuchs gelaufen ist. Fuchsspuren unterscheiden sich von Hundespuren dadurch, dass sie schmäler laufen, d.h. die Hinterpfote liegt in der Regel ziemlich genau auf der Vorderpfote der gleichen Körperhälfte. Das nennt man „schnüren", da die Spur aussieht, als wären die Abdrücke auf einer Schnur aufgereiht. Manchmal sieht man im Schnee die Wischer durch die Rute und sie laufen entweder in leichten Bögen, um Mäuse zu suchen oder sehr geradlinig, wenn sie von A nach B wollen. Fuchspfötchen sind eher klein. Fuchskot finden wir in der Regel auf Baumstämmen oder Steinen. Wie bei Wolfskot befinden sich darin immer Haare der Beute und evtl. kleine Knochenreste.

25. Fuchsspur – wie auf einer Schnur aufgereiht

24. Fuchs schnürt über die Wiese

26. Hunde laufen breiter als Füchse oder Wölfe

Ein einzelner Pfotenabdruck von Wölfen ist für einen Laien dem eines sehr großen Hundes nicht leicht zu unterscheiden. Die Spuren sind sehr regelmäßig geformt und länglich, wobei die dicken Krallen deutlich zu erkennen sind. Die Vorderpfoten sind etwa 9 cm lang und 8 cm breit, die Hinterpfoten um etwa 1 cm kürzer und schmäler. Sie schnüren wie die Füchse. Wölfe laufen in der Regel nicht wie Hunde von links nach rechts und wieder zurück, sondern sehr geradlinig z.B. auf einer Seite des Weges.

Das und die Tatsache, dass keine menschlichen Spuren parallel dazu laufen, die entsprechend gleich alt sind, sind gute Merkmale. Die einzige Wolfsspur, von der ich sicher annehme, dass es tatsächlich ein Wolf war, lief ca. 200 Meter im Sand eine Straße entlang und bog ungefähr 100 Meter vor dem ersten Haus im Dorf auf eine Wiese ab.

27. Vorderfuß und Hinterfuß eines Wolfes gefunden ca. 100 Meter Luftlinie neben unserem Anwesen im Wald

28. Wolfslosung, schon etwas älter und deshalb eingetrocknet

Wolfsspuren interessieren meine Hunde nicht. Ich habe im Gegenteil den Eindruck, dass sie diesen Verwandten lieber nicht treffen möchten. Da Wölfe sehr heimliche Gesellen sind, blieb uns - zu meinem Leidwesen - bis jetzt eine Begegnung erspart. Der einzige Wolf, den ich bisher gesehen habe, war ca. 200 Meter entfernt und verschwand sofort im Wald, als er merkte, dass ich auf ihn aufmerksam geworden war. Wolfskot finden wir immer wieder mal, er wird gerne an oder in der Nähe von Kreuzungen deponiert. Wenn man auf Kot oder auch auf Pfotenabdrücke stößt und sie fotografieren möchte, empfiehlt es sich eine Hand, einen Fuß oder einen gut identifizierbaren Gegenstand wie eine Packung Taschentücher für den Größenvergleich daneben zu legen.

Für Wölfe sind die brandenburgischen Wälder außerordentlich praktisch, da sie in sog. „Gestelle" unterteilt sind, d.h. durch unsere Wälder zieht sich ein Netz von Wegen, die Quadrate von 300 x 300 Metern eingrenzen. Da Wölfe unglaublich gut hören und riechen, können sie beim Ablaufen der Wege feststellen, ob und wenn ja, wo sich welches Wild im Gestell verbirgt. Die Reste ihrer Risse findet man abseits der Wege.

An den uckermärkischen Seen leben viele Biber. Biber haben wie Waschbären ein Knuddelbärchenimage - sehr zu Unrecht. Sie sind wehrhafte und, wenn sie gestört werden, sehr unfreundliche Zeitgenossen, die Hunden mit Zähnen und Klauen schlimme Verletzungen beibringen können. In der Regel bleiben sie in ihren Bauten und man sieht sie tagsüber sehr selten. In der Dämmerung und wenn sie Junge haben, sind sie mit Vorsicht zu genießen. An einem See in unserer Nähe liegen die Biberburgen nur wenige Meter neben dem Weg. Wir achten immer sehr darauf, dass die Hunde nicht hingehen, und lassen sie dort an der Leine. Die Spuren der Biberzähne findet man an vielen Bäumen, es kann auch vorkommen, dass sie ganze Areale abholzen und die Stämme ins Wasser schleifen. Die Schleifspuren sind unübersehbar, am Wasser werden von den Bibern regelrecht kleine Häfen gebaut, damit sie das Holz besser hineinziehen können. Diese Häfen und die Baumfällarbeiten der Biber werden von unseren Hunden immer sehr genau untersucht. Vermutlich riechen Biber sehr interessant.

30. Rutschbahn für das gefällt Biberholz

29. Biberburgen

31. Biberhafen

Hasen gibt es natürlich auch, sie sind der Schrecken für meinen Rücken. Hasen haben die unangenehme Eigenschaft, im Zickzack Wege entlang zu laufen. Selbst bei langen Schleppleinen gelingt es mir nicht, mit den Hunden, die diesen Spuren in rasendem Tempo folgen, Schritt zu halten. Die Nase ist dabei tief und ich bin immer froh und dankbar, wenn der Hase sich entschieden hat, doch in den Wald abzubiegen. Gerade im Frühjahr zur Paarungszeit sind Hasen ziemlich unberechenbar, Gefahren existieren für sie dann nicht. Sie haben nur noch ihre potentiellen PartnerInnen im Kopf und neigen zu ziemlich verwegenen Manövern, bei denen sie die Hunde nicht im Geringsten interessieren. Zum Glück sind das seltene Begegnungen, bei denen ich lieber die Richtung wechsle. Auch nach regnerischen Nächten müssen wir gut aufpassen, da die Hasen sich dann gerne auf den Wegen den Pelz trocknen lassen. Hasenspuren sind sehr leicht identifizierbar.

32. Hasenspuren

Ein eigenes Kapitel sind Vögel. Für die meisten Hunde sind Vögel uninteressant. Aber es gibt einige, die eine große Herausforderung darstellen können. Dazu gehören die Kraniche, die gerade im Frühjahr weithin zu hören sind. Ehe sie losfliegen, machen sie immer ein Riesengeschrei und ziehen dann auch unter Geschrei ab. Junge Hunde können sich dadurch sehr angeregt fühlen und hinterherrennen. Das Problem dabei ist, dass die Kraniche meistens einen großen Bogen fliegen, bis sie sich für eine Richtung entscheiden. Wenn ein Hund mehr oder weniger blind und taub hinterherrennt, kann es schon passieren, dass er eine Straße überquert, und das kann gefährlich werden. Gerade junge Hunde, die damit noch nicht vertraut sind, sollten deshalb an der Leine bleiben, wenn Kraniche in der Nähe sind.

33. Kraniche treten so gut wie immer zu zweit auf.

Eine andere Herausforderung sind die Störche. Störche sind sehr interessiert an ihrer Umwelt, es fällt so einem Storch schon mal ein, ein paar Meter vor einem zu landen. Wir hatten auch schon Störche auf dem Hundeplatz. Für die Hunde ist das einfach eine Riesenfrechheit und sie verjagen sie. Bei den Störchen habe ich immer den Eindruck, dass sie die Hunde total unfreundlich finden.

34. Der Storch ist auf dem Hundeplatz

35. … so eine Frechheit!

Bei uns gibt es auch viele Greifvögel, die für Hunde vollkommen uninteressant sind. Den kleineren wie Bussarde, Schwarz- und Rotmilan, Rohrweihen, Hähern oder Falken sehe ich zwar gerne zu, aber meine Hunde finden die total langweilig. Bei Fischadlern ist es vergleichbar. Seeadler muss man nur dann beachten, wenn man einen sehr kleinen Hund hat. In der Regel ernähren sie sich zwar von Fischen und Kleintieren, aber sie verschmähen auch einen kleinen Hund nicht. Sollte es in Ihrer Nähe Seeadler geben, müssen Sie einen kleinen Hund immer an der Leine führen, wenn Sie in die Nähe seiner Aufenthaltsorte sind. Sie sind in der Regel sehr scheu und nähern sich Menschen nicht.

Die größte Herausforderung für uns Menschen besteht darin, dass wir auf die visuelle Wahrnehmung angewiesen sind, die Hunde aber auf die Düfte reagieren, und zwar unabhängig davon, ob das betroffene Tier hier an dieser Stelle den Weg überquert hat oder ein paar Meter weiter vorne oder hinten. Gerüche werden verweht, je nach Luftbewegung und Gelände auch verwirbelt. Erfahrene Hunde können das durchaus einordnen, junge, unerfahrene müssen erst noch lernen, damit umzugehen.

Unsere Hunde sind in der Ortung und Zuordnung geübt. Das macht es für das andere Ende der Leine deutlich einfacher. Die Stellen, an denen gerne mal was los ist, kennen wir, dadurch sind wir gewappnet. Das müssen nicht immer Wildwechsel sein, das können auch dichtes Unterholz,

Kirrungen in der Nähe, Wildschweinsühlen, geschützte Senken oder ein Bruch im Wald sein. Orte eben, an denen sich das Wild gerne aufhält, die sich allerdings nicht durch Trittsiegel oder Wildwechsel identifizieren lassen, sondern für die Hunde allein durch die Düfte wahrnehmbar sind.

Menschen sind durchaus in der Lage, auch Wildgerüche wahrzunehmen und zuzuordnen. Am leichtesten erkennt man Wildschweine, die einfach wie Schwein riechen. Wenn Sie einmal diesen Geruch identifiziert haben, kennen Sie ihn. Rehe riechen wie Ziegen. Sollten Sie im Wald auf einmal den Eindruck haben, in einem Ziegenstall gelandet zu sein, dann dürften Rehe nicht weit sein. Der Duft von Hirschen erinnert mich immer an Pferde, und Füchse riechen leicht ranzig. Wie man einen Geruch wahrnimmt und bezeichnet, ist sehr individuell, deshalb sollten wir uns, was die geruchliche Identifikation betrifft, lieber auf die Hunde verlassen.

36. Fischadler im Anflug auf seinen Horst

9. Was Hunde können sollten ....

... mit denen man auf die Jagd geht.

Einen Hund zu „erziehen" bedeutet nicht, ihm alle möglichen „Gehorsams"-Übungen aufzuzwingen, die gesellschaftlich anerkannt, aber in unserm Alltag weder nützlich noch sinnvoll sind. Es bedeutet viel mehr, dem Hund freundlich und unkompliziert zu zeigen, wie wir gemeinsam unseren Alltag meistern können, was er dazu beitragen kann, welchen Teil wir übernehmen und - am wichtigsten - dass wir immer für ihn da sind, wenn er unsere Hilfe und Unterstützung braucht. Ob Sie „Sitz, Platz, bei Fuß, Bleib" für wichtig erachten oder nicht, spielt dabei keine Rolle. Denn wir sind hoffentlich einer Meinung, dass diese vier angeblich essentiell wichtigen Kommandos nicht wirklich nützlich sind, wenn sich Bello erstmal vom Acker gemacht hat und Rehe hetzt oder sich im Wahn, alle Mäuse dieser Welt erwischen zu müssen, schon fast bis Australien durchgegraben hat. Zumindest höre ich von allen Kunden, die bislang auf diese Dinge Wert legten, dass sie leider überhaupt nichts bringen, weil ihre Pelznase in diesen Situationen Tomaten auf den Ohren hat.

Jetzt fragen Sie sich zu Recht, wie ich das ändern will. Die Antwort ist: Wenn Sie über Jahre hinweg vernachlässigt haben, mit Ihrem Hund bei der Jagd und bei allem, was ihn interessiert, gemeinsame Sachen zu machen, dann wird's nicht einfach. Aber es geht. Je früher Sie allerdings ernsthaft an seinen Erkundungen teilgenommen haben, um so einfacher wird es.

Aber egal, was Sie mit ihm erarbeiten, es gibt nichts, was Sie freundlich und ohne Druck aufbauen, das zu 100% klappt. 100% bekommen Sie – vielleicht – dann hin, wenn er mehr Angst vor Ihnen und den Konsequenzen seines „Ungehorsams" hat als Begeisterung am selbständigen Handeln. Und das kann niemand wollen.

Zwei Punkte sind bei jagdbegeisterten Hunden häufig der Grund, warum eine Hundeschule aufgesucht wird: Rückruf und Leinenführigkeit.

Lange bevor Sie an den Aufbau eines sicheren Rückrufs denken, sollten Ihnen klar sein, dass ein Hund, der einfach gar nichts mehr mitbekommt außer der begehrten Beute, definitiv zu 100% an die Leine gehört.

Natürlich ist es schöner, wenn Sie Susi auch im Wald frei laufen lassen können, aber wenn Susi halt nun mal lieber die Route durchs Unterholz nimmt, geht das leider nicht. Vielleicht geht es ja auf Äckern und Wiesen, aber eben nicht im Wald. Vielleicht verzichten Sie auch besser ganz drauf.

Die gute Nachricht lautet: Auch dauerhaftes Führen an der Schleppleine gibt den Hunden genug und ausreichend Möglichkeiten alles zu erledigen, was ein Hund unterwegs eben erledigen muss. Es gibt Untersuchungen zum Verhalten von Hunden an der Leine, die besagen, dass

- eine 1-Meter-Leine den Hund an fast allem hindert, was er gerne machen möchte, Schnüffeln, Pinkeln, Kacken und Hundekontakt wird auf ein Minimum reduziert
- eine 3-Meter-Leine dies schon wesentlich verbessert und
- eine 5-Meter-Leine (oder gerne länger) für den Hund fast die gleichen Möglichkeiten bietet wie Freilauf, wenn man von der Hasenjagd absieht.

Die Lösung bei Hunden, die nicht bis schlecht abrufbar sind, ist also nicht, wo kann ich ihn ableinen, sondern wie lange ist die Leine, die an ihm befestigt ist. Der Vorteil für Sie ist, dass Sie deutlich entspannter mit ihm unterwegs sind, wenn Sie nicht dauernd Angst haben müssen, dass er sich davonmacht. Der Vorteil für ihn ist, dass Sie entspannter sind und wenig bis keinen Druck ausüben und er trotz Leine genügend Spielraum für seine Interessen hat. Entspannung auf beiden Seiten ist aber gleichbedeutend damit, dass das Zusammenspiel im Alltag besser, weil entspannter läuft.

Deshalb fangen wir mit

Leinenführigkeit

an, denn die brauchen Sie auf alle Fälle, falls das mit dem Rückruf nicht klappen sollte. Falls Sie sich mit diesem Thema grundsätzlicher befassen wollen, empfehle ich Ihnen mein Buch „Mensch, mach langsam! - Wenn Hunde an der Leine ziehen, weil Menschen keine Zeit haben!".

Wichtige Informationen weitergeben, annehmen und verstehen

Unter „Leinenführigkeit" verstehen viele Menschen „Bei-Fuß-laufen". Das ist Unfug, denn das hat nichts mit entspanntem Spazierengehen an der

Leine zu tun. Gute Leinenführigkeit bedeutet, dass ein Hund die Leine in der Regel locker halten kann und sie auch wieder lockert, wenn sie mal kurz gespannt war. Denn die Regel, an die wir uns meistens halten, lautet: Wer die Leine angespannt hat, macht sie wieder locker. Von jeder Regel gibt es aber Ausnahmen, hier auch.

Die Ausnahme heißt: Bello hat gerade entdeckt, dass sich da hinten auf der Wiese Rehe tummeln, und steht sehr aufmerksam und auch ein bisschen aufgeregt in der Leine. Es wäre also durchaus von Vorteil, wenn Sie näher an ihm dran wären. Er ist ganz sicher nicht in der Lage, umzudrehen und zu Ihnen zu kommen, so weit ist er noch nicht, und die Frage ist auch, ob er das wirklich muss. Also hangeln Sie sich an der gespannten Leine vorsichtig an ihn hin, ganz langsam und ruhig, bewundern ihn wortreich, was er da für eine phantastische Entdeckung gemacht hat, bis Sie neben ihm stehen und gemeinsam die Rehe beobachten. Jetzt nehmen Sie die Spannung aus der Leine, indem Sie sie ganz langsam locker lassen. Langsam deshalb, damit die Spannung nicht plötzlich nachlässt und er nach vorne schießt. Bleiben Sie dabei, ihm Ihre Bewunderung auszudrükken, lassen Sie ihn Leckerchen vom Boden suchen, wenn er das lieber mag, geben Sie sie ihm aus der Hand, aber bleiben Sie mit Ihrer Aufmerksamkeit ganz bei ihm. Irgendwann schaut er Sie an und dann haben Sie die Chance, ihm noch viel begeisterter Ihre Freude über seine Entdeckung mitzuteilen und ihn dazu zu bewegen, mit Ihnen wegzugehen.

37. Da hinten ist was los!

Mit guter oder schlechter Leinenführigkeit oder Leinenführigkeitstraining hat so eine Aktion nichts zu tun. Bello bekommt in solchen Momenten vermutlich überhaupt nicht mit, dass außer ihm und den Rehen noch irgendwas auf der Welt ist. Und die Leine mitsamt Schleppanker - nämlich Ihnen - interessiert ihn im Moment bestenfalls am Rande. Aber wir haben wieder ein wunderbares Beispiel dafür, dass unsere sofortige Anteilnahme am Geschehen die ruhige Auflösung der Situation wesentlich einfacher macht, denn Ihre Kooperation überzeugt ihn natürlich davon, Sie über deutlichen Blickkontakt in Zukunft von Wildsichtungen zu informieren. Falls er irgendwann so weit kommt, dass er Wild in einiger Entfernung entdeckt und dann als erstes Sie anschaut, sich vergewissert, ob Sie diese wichtige Tatsache auch mitbekommen haben, dann können Sie sich selber ein dickes Lob aussprechen: alles richtig gemacht. Denn er hat verstanden, dass seine Informationen bei Ihnen ankommen und verstanden werden.

Die uckermärkischen Wälder sind so groß und weit, dass sich das Wild äußerst selten in der Nähe der Wege aufhält. Die Wildtiere laufen auch nicht alle jeden Tag über jeden Wildwechsel, die Aufregung über großartige Entdeckungen hält sich also in Grenzen. Also feiere ich nahe Wildsichtungen und frische Fährten ganz besonders, das Anzeigen von älteren Fährten und entferntem Wild wird zwar anerkannt und bewundert, aber Handstandüberschlag mache ich keinen. Die Hunde lernen dadurch sehr schnell, dass es sich viel mehr für uns alle lohnt, das zu suchen, was nicht so oft der Fall ist: Wild in der Nähe.

Sollte das bei Ihnen anders sein, dann müssen Sie es einfach auch anders aufbauen, Sie freuen sich dann über alte Fährten und Wild weit weg einfach am meisten. Die Wahrscheinlichkeit, dass es bei Ihnen anders ist, ist sehr groß. Die meisten unserer Besucher denken, bei uns gäbe nicht viel Wild, weil sie so wenig davon zu Gesicht bekommen. Tatsache ist, dass in Gegenden, die dicht besiedelt sind, das im Vergleich zur Uckermark wenige Wild viel weniger Platz hat und deshalb auch häufiger gesichtet wird.

Die Leinenlänge

Zum Aufbau einer guten Leinenführigkeit gibt es viele Vorschläge, nicht alle finden meinen Beifall. Entscheidend ist, dass Sie von Anfang an langsam mit Ihrer Pelznase unterwegs sind und Ihrem Liebling nicht beibringen, wie angestochen durch die Gegend zu rennen. Ein Spaziergang soll für Sie eine Erholung, für Ihren Hund Information über die neuesten Geschehnisse in der Umgebung und für beide eine Anregung und ein schönes, gemeinsames Erlebnis sein. Je schneller Sie unterwegs sind und je mehr Sie Ihren Hund vorwärtsdrängen, umso mehr muss er an der Leine ziehen. Entweder um dagegen zu halten, weil er mit Schnüffeln noch nicht fertig ist, oder um schnell, schnell zum nächsten wichtigen Punkt zu kommen, da er weiß, dass Sie ihm nicht viel Zeit dafür zugestehen.

Ebenso muss die Leine so lang sein, dass Arco sich möglichst ungehindert bewegen kann. Das kann von Hund zu Hund unterschiedlich sein, aber kürzer als drei Meter im Stadtbereich oder fünf Meter außerhalb geht auf gar keinen Fall. Ich gebe ehrlich zu, dass mich irgendwelche Regeln, die von irgendwelchen „Sachverständigen" über Leinenlängen im Ortsbereich aufgestellt werden, nicht wirklich interessieren. Priorität 1 bei der Wahl der Leinenlänge ist für mich immer, dass ich mit meinem Hund so unterwegs bin, dass er so entspannt wie möglich mit mir laufen kann. Eine 1-2 Meter lange Leine hindert den Hund an so gut wie allen für ihn wichtigen Aktionen, das baut Spannung auf und kann sehr schnell zu Problemen führen. Außerdem kann ich im Bedarfsfall eine längere Leine auch mal kürzer nehmen und dem Hund wieder mehr Leine geben, wenn sich die Situation entspannt.

Zwischenlösungen

Hunde, die extrem an der Leine ziehen, bekommen bei mir erstmal eine Leine von mindestens zehn, besser zwanzig Metern angehängt, wir üben mit Mensch und Hund, uns langsam und angemessen durch die Gegend zu bewegen und (sehr, sehr wichtig!!!) darauf zu achten, wann der Hund stehenbleiben und etwas genau untersuchen möchte. Bei diesen Trainingsspaziergängen laufen wir meistens über die große Wiese hinter unserem Haus. Nach ca. 200 Metern kommen wir an einen Abhang. Wir Menschen sehen das von weitem, da wir das Landschaftsbild visuell einordnen können. Hunde können das nicht unbedingt, aufgeregte Hunde ganz sicher nicht. Auch haben selbst kleine Menschen wie ich (ca. 155 cm) ihre Augen deutlich weiter oben als Hunde, sehen also sehr viel eher entfernte Dinge, die durch Erhebungen verdeckt sind. Außerdem orientieren sich Hunde überwiegend mit der Nase, Menschen mit den Augen. Änderungen im Gelände werden deshalb ganz anders wahrgenommen und verarbeitet.

An diesem Abhang würden viele Menschen einfach weiterlaufen, die Hunde wollen aber alle (alle!!!) stehenbleiben und sich orientieren. Hier ändert sich nicht nur das Landschaftsbild, hier ändern sich auch die Gerüche. Denn durch die Thermik oder auch mehr oder weniger starken Wind werden die Gerüche aus der Wiese, dem Dorf und dem Bruch stärker wahrgenommen. Und dafür brauchen Hunde Zeit. Also müssen wir stehen bleiben, und wir gehen erst wieder weiter, wenn unser Hund auch wirklich weitergehen kann und möchte.

Bis er weitergehen will, beobachten wir mit ihm ganz ruhig die Gegend. Wir schauen da hin, wo er hinschaut, und es ist sehr wahrscheinlich, dass wir etwas Interessantes entdecken: den Fuchs, der in Richtung Werder schnürt, eine Stelle im Bruch, wo das Schilf sich merkwürdig bewegt, ein Auto oder einen Fahrradfahrer, die drüben auf der Straße vorbei fahren..... Wenn man sich Zeit lässt, merkt man erst, wie viel in einer scheinbar so unspektakulären Gegend passiert.

Das, nämlich sich viel Zeit nehmen beim Spaziergang, ist der wichtigste Punkt, damit Bello lernt, dass eine lockere Leine eine angenehme Sache ist und die Leine weder eine Strafe noch eine Behinderung darstellt. Es spielt überhaupt keine Rolle, wie viele Kilometer Sie zurückgelegt haben. Wenn Sie für 2-3 Kilometer 4 Stunden brauchen und Sie und Bello anschließend glücklich und zufrieden sind, weil Sie so viel entdeckt haben, so viele Wildwechsel, Hasenspuren und Fuchskötel, Fahrradfahrer, Reiter oder was auch immer, dann ist das das Einzige, was zählt.

Bei vielen Hunden reicht es vollkommen aus, wenn man das Tempo herunterfährt und einfach langsam und gemütlich mit ihnen durch die Gegend schlendert. Sie finden diese Idee sehr, sehr gut, und ganz besonders freut es sie, wenn wir an ihren Entdeckungen und Erkundungen teilnehmen. Bei manchen Mensch-Hund-Teams reicht das aber nicht unbedingt. Viele Menschen trauen solchen Ideen nicht, da sie viel zu sehr verinnerlicht haben, dass man seinem Hund immer irgendwas irgendwie beibringen muss. Die Angst, unsere Hunde könnten die Kontrolle über uns erlangen, wenn wir auf ihre Bedürfnisse eingehen, steckt sehr tief. Und manche Hunde sind so darauf trainiert, dass es immer im ICE-Tempo vorwärtsgeht, dass sie sich sehr schwertun, sich umzustellen. Meistens sind das Hunde, die vorher sehr stark reglementiert und kontrolliert wurden, und die deshalb mit der neuen Freiheit nicht so recht klarkommen. Für diese Menschen und Hunde gibt es ein paar Hilfestellungen als Zwischenlösung.

Doch ehe wir uns mit diesen Zwischenlösungen befassen, möchte ich eine große Warnung aussprechen. Wir haben uns so sehr daran gewöhnt, unseren Hunden in allen, aber auch wirklich allen Lebenslagen vorzuschreiben, was sie wie zu tun haben, dass es vielen von uns schwerfällt, damit aufzuhören und diesen Unfug abzubauen. Was ich Ihnen weiter unten erkläre, könnte Sie deshalb dazu verführen, diese eigentlich freundlichen Methoden genauso zu perfektionieren wie Sie es eventuell bisher mit „Bei-Fuß" oder „Hier" betrieben haben. Davon wollen wir aber weg. Das Ziel ist auf keinen Fall, dass Bello und Susi jetzt auf ein Umlenkgeräusch in jeder Lebenslage zu Ihnen umdrehen wie die Raketen, oder dass sie sofort bei Ihnen stehen, wenn Sie einen Moment stehen bleiben, auch nicht, dass Ihr Liebling auf „Langsam" sofort und unwiderruflich den Druck aus der Leine nimmt...... Das Ziel ist, dass Sie, Bello und Susi lernen, entspannt gemeinsam durchs Leben zu gehen und dabei so wenig Signale wie möglich einzusetzen. Deshalb müssen Sie die Anwendung dieser Zwischenlösungen auf ein absolutes Minimum beschränken und abbauen, sowie klar ist, dass Sie das nicht mehr oder nicht mehr so oft brauchen.

„Laaaangsaaam"

Es gibt viele Möglichkeiten, einem Hund zu signalisieren, dass die Leine jetzt gleich zu Ende ist. Bei uns heißt dieses Signal „Langsam". Das hat sich daraus entwickelt, dass die Hunde immer etwas zu schnell von uns weglaufen und deshalb die Gefahr besteht, dass die Leine straff wird. Wir üben das so ein, dass ich mit meinem Hund in meiner Nähe in normalem Tempo gehe, dann etwas langsamer werde, so dass er das merkt, z.B. weil er es sieht, dazu sage ich etwas wie „Geh langsam, Flocki". Eine gute Hilfe ist, wenn man die Leine mit ganz leichtem Druck zwischen Daumen und Zeigefinger laufen lässt, so dass der Hund sanft merkt: Da hinten tut sich was. Das wirkt wie eine vorsichtige Bremse. Wenn der Hund das verstanden hat, kann man es sehr gut für „Gleich ist die Leine zu Ende" einsetzen. Der Sinn von „Laaaangsaaam" ist allerdings ausschließlich, dass Ihre

Pelznase diesen Hinweis bekommt. Wozu Sie es nicht einsetzen sollten: „Das ist der Radius, in dem du dich bewegen darfst". Denn wenn Sie Ihren Hund frei laufen lassen, dann ist die Leine ab und er kann im Prinzip auch deutlich weiter als eine Leinenlänge von Ihnen weggehen. Selbstverständlich können Sie dieses „Laaaangsaaam" auch im Freilauf einsetzen, aber in erster Linie ist es für das Erlernen der Leinenführigkeit und zur Information, wann das Leinenende erreicht ist, gedacht.

Leckerchen vor der Nase

Die meisten Hunde essen sehr gerne und sie finden die Tatsache, dass wir Hundeguttis für sie dabeihaben, ausgesprochen gut. Wenn Ihr Bello das anders sieht und unterwegs keine Leckerchen mag, dann sollten Sie darüber nachdenken, warum das so ist. Ist er zu gestresst? Oder findet er Ihre Leckerchen nicht wirklich prickelnd? Wenn er immer krümeliges Trockenfutter im Napf hat, das er nur frisst, weil es sonst nichts gibt, dann ist er unterwegs davon vermutlich auch nicht begeistert. Sie sollten also zum einen über Stressreduzierung und zum anderen über echte Leckereien nachdenken, die er wirklich sehr, sehr gerne mag.

Die richtig guten Leckereien können Sie dann wunderbar einsetzen wie folgt. Bello hat etwas Spannendes am Straßenrand entdeckt, und das wird jetzt ausgiebig untersucht. Sie nehmen daran teil und sind voll des Lobes, was er da wieder gefunden hat. Irgendwann ist er fertig und geht weiter und damit das nicht zu rasant wird, halten Sie ihm ein oder zwei oder drei... Leckerchen vor die Nase. Ob Sie ihm die aus der Hand geben oder vor ihm auf den Boden regnen lassen, hängt davon ab, was er lieber mag. Bei Hunden, die danach immer noch los sprinten würden, wiederholen Sie das mehrfach und dazu loben Sie ihn über alle Maßen. Die Abstände zwischen diesen Futtergaben werden einfach immer etwas länger und Ihr Lob wird peu à peu etwas leiser. Dadurch wird Bello ganz allmählich langsamer, so dass die Gefahr für ihn, in die Leine zu donnern, langsam aber sicher immer geringer wird, bis er gelernt hat, ruhig von Ihnen wegzugehen.

Bitte denken Sie aber daran, dass solche Übungen kontraproduktiv sind, wenn Sie am Nachbargrundstück vorbeigehen, wo gerade die Katze sehr provokativ hinterm Zaun sitzt und sich putzt. Da hat er für solche Sperenzchen keine Zeit und keinen Kopf, zumindest nicht, bis Sie mit ihm geübt haben, ruhig an Katzen vorbeizugehen.

Pause

Haben wir schon über Pausen gesprochen? Egal, über Pausen kann man gar nicht oft und ausführlich genug reden.

38. Pause – Gibt's was zu essen?

Hunde und Menschen, die nie gelernt haben, wie schön und erholsam es auf einem Spaziergang ist, sich hinzusetzen, die Gegend anzuschauen, durchzuatmen und zur Ruhe zu kommen, tun sich anfangs damit schwer. Das kann ich schon deshalb sehr gut nachvollziehen, weil mir das früher auch schwergefallen ist. Ich musste es lernen, nachdem ich festgestellt hatte, dass gegen Stressziehen an der Leine Pausen das einzige wirklich sinnvolle Mittel sind. Selbst kurze Pausen sind gut, und wenn man das einmal gemerkt hat, ist es nur ein kleiner Schritt hin zu wirklichen Pausen.

Das kann so aussehen. Sie gehen mit Arco wieder einmal viel zu schnell los, sind fest davon überzeugt, dass er derjenige ist, der da losgedonnert ist, und ärgern sich über ihn, weil Sie doch schon so viel gemacht haben und überhaupt ... Plötzlich fällt Ihnen ein, dass Pausen gut sein sollen und so machen Sie ihn darauf aufmerksam, dass Sie jetzt Pause machen wollen und bleiben stehen. Arco bleibt auch stehen. An strammer Leine. Sie versuchen einfach mal, ihn dafür zu loben und zu bewundern, dass er das geschafft hat, auch wenn die Leine gespannt ist. Arco findet diese neuen Töne sehr interessant und dreht sich zu Ihnen um, vielleicht auch nur ganz vorsichtig. Jedenfalls sind Sie total begeistert von seiner Reaktion und machen eine ganz kleine Rückwärtsbewegung. Dazu müssen Sie natürlich noch genug Leine haben, damit Sie nicht ziehen. Und siehe da: Arco kommt zu Ihnen.

Ihre Begeisterung ist grenzenlos und er bekommt 1,2,3, viele Leckerchen. Damit er nicht gleich wieder nach vorne stürmt, nehmen Sie die Leine kürzer und erzählen ihm, was er für ein wundervoller Hund ist. Bleiben Sie selber ganz ruhig, geben Sie ihm seine Dropse aus der Hand, werfen Sie ihm welche auf den Boden, ganz egal, Hauptsache er merkt, dass so eine Pause eine feine Sache ist. Irgendwann wird er tatsächlich ruhiger und dann können Sie langsam weitergehen - bis zur nächsten Pause, die am Anfang vermutlich bald fällig sein wird.

Für manche Hunde ist es unglaublich schwer, so etwas hinzukriegen. Deshalb müssen Sie viel, viel Geduld haben, denn er hat über einen sehr langen Zeitraum, vielleicht über Jahre hinweg, gelernt, dass nur rasantes Tempo angesagt ist. Das ändert er nicht von jetzt auf gleich, nur weil Sie eine neue Idee haben. Und natürlich zieht man so was nicht permanent durch. Solche Übungen müssen sich auf ein Minimum beschränken, sonst wird's nur wieder nervig. Und Sie müssen genau hinsehen: zieht er so doll, weil er dringend mal ins Gebüsch muss? Muss er eilig pinkeln? Oder ist an dem Grasbüschel ein interessanter Duft, z.B. von der läufigen Nachbarhündin? In solchen Fällen gehen Sie mit ihm hin oder geben ihm die ganze Leinenlänge, wenn das möglich ist. Auch wenn er zieht, gehen Sie mit ihm hin und geben die Leine nach. Schließlich - Achtung! Wiederholung! - hat er über einen langen Zeitraum gelernt, dass er nicht genug Zeit für seine Interessen hat und sich beeilen muss. Sie sagen ihm jetzt, dass diese Zeiten vorbei sind und er jetzt alle Zeit der Welt für seine Interessen hat. Und wenn Sie das konsequent durchziehen, wird er es früher oder später verstehen und begeistert sein.

Sie können Arco natürlich auch sagen, dass Sie jetzt „Pause" machen wollen. Ich spreche Hunde in solchen Fällen immer ruhig an, ganz besonders, wenn der jeweilige Hund sehr aufgeregt ist, und sage etwas wie: „Wollen wir vielleicht einen Moment Pause machen?" Wenn Sie das von Anfang an einführen, werden die richtig langen Pausen, auf die wir noch zu sprechen kommen, um so einfacher.

Vielleicht haben Sie auch einen Hund, der nicht so viel Nähe erträgt und nicht wirklich zu Ihnen kommen kann. Bei Hunden aus dem Tierschutz erlebt man das häufig. Für sie ist menschliche Nähe nicht immer ein Hinweis darauf, dass alles gut ist, ganz im Gegenteil. Und manche behalten Vorsichtsmaßnahmen wie „Abstand halten" ihr Leben lang bei. Manche Hunde sind auch einfach distanzierter als andere, das kann rassetypisch sein, das kann auch individuell unterschiedlich sein. Wenn Sie einem Hund zugemutet haben, dass er immer dicht bei Ihnen laufen muss, dann kann es schon passieren, dass Ihr Liebling erst einmal die neue Freiheit toll findet und sich diesen Freiraum nimmt. Übertreiben Sie es deshalb bitte nicht mit dem Zurückkommen und Pause einlegen. Wenn er die Pause in zehn Metern Entfernung macht, ist doch auch alles gut.

Lange Pausen

Bei längeren Spaziergängen sollten Sie mindestens 1-2 längere Pausen von 5-10 Minuten einlegen, gerne auch mehr. Wir haben auf unseren Standardrunden einige Stellen, die sich sehr gut dafür eignen, z.B. Hochsitze, große Steine, am Boden liegende Baumstämme, einfach Stellen, wo ich mich ein bisschen hinsetzen und ausruhen kann. Die Hunde suchen während dieser Pause Leckerchen oder wollen sich sowieso etwas näher ansehen. Je öfter Sie allerdings mit Ihrem Hund diese Pausen machen, umso wahrscheinlicher wird es, dass er gar nicht mehr unbedingt Leckerchen suchen möchte, sondern sich einfach hinsetzt oder hinlegt. Ebenso zeigen die meisten Hunde irgendwann die Pausenstellen an und fragen nach, ob Sie nicht auf Lust auf eine kleine Erholung haben. Da sollten Sie unbedingt „Ja" sagen.

Besonders bieten sich Pausen an, wenn Sie gerade aufregende Begegnungen hatten. Sie sind wichtig, um sich zu sammeln und wieder zur Ruhe zu kommen. Zu Pausen gehört auch immer, dass Sie für Bello etwas zu trinken dabeihaben. Selbst bei kurzen Pausen, die wir nach aufregenden Wildbegegnungen einlegen, biete ich meinen Hunden einen Schluck Wasser an oder gehe mit ihnen an eines der Wasserlöcher oder einen Graben auf unserem Weg. Wer intensiv mit der Nase gearbeitet hat, hat mich Sicherheit trockene Schleimhäute, und die müssen wieder befeuchtet werden. Selber dürfen Sie sich natürlich auch einen kleinen Snack und einen Schluck Wasser gönnen. Im Anschluss an jede Pause - egal ob lang oder kurz - werden Sie feststellen, dass Bello sehr viel lockerer und langsamer mit durchhängender Leine weitergehen kann.

39. Pause im Wassergraben nach einer aufregenden Begegnung mit Rehen

Meine Indiana sorgt manchmal selber für längere Pausen, und zwar an Stellen, an denen sie grasen muss. Es ist immer ganz spezielles Gras und die Stellen kenne ich bereits. Wenn sich die Möglichkeit ergibt, setze ich mich hin und warte einfach, bis sie fertig ist, der Maxl kann in der Zwischenzeit Hundeguttis suchen - darauf besteht er auch. Falls Ihr Flocki ähnliche Ideen hat, dann gehen Sie bitte darauf ein.

Stehenbleiben - Rückwärts gehen

Eine Variante von „Pause machen" ist das „Stehenbleiben - Rückwärtsgehen", mit der ich meinen Hund sehr entspannt aus komplizierten Situationen holen kann. Wichtig dabei ist: Es ist kein Signal, keine Anweisung, kein Kommando, sondern ein Vorschlag, den Bello annehmen kann oder auch nicht. Zum Einüben bleibe ich ohne jeden Anlass stehen, wenn er gerade ganz locker in meiner Nähe läuft und nichts anderes vorhat. Falls er angeleint ist, achte ich darauf, dass ich noch genug Leine habe, die ich nachgeben kann, damit er nicht abrupt abgestoppt wird.

Sowie ich stehenbleibe, lobe ich ihn mit freundlicher, ruhiger Stimme. Sie können sicher sein, dass er ebenfalls stehenbleibt, da er auf alle Fälle merkt, dass hinten was anders ist. Wenn er Blickkontakt mit mir aufnimmt, freue ich mich noch mehr und mache eine winzig kleine Bewegung rükkwärts. Kommt er zu mir, kennt meine Begeisterung keine Grenzen und ich gehe weiter ein paar kleine Schrittchen rückwärts. Sowie er bei mir angekommen ist, kommen große Freude meinerseits und viele Leckerchen.

Diese Frage kommt im Training immer:
Was mache ich, wenn er nicht stehenbleibt?
Antwort: Das ist eher unwahrscheinlich, denn ganz sicher bleibt er stehen, wenn die Leine dran ist. Er merkt einfach an dem veränderten Druck, dass hinten was passiert, und sieht auch ziemlich sicher nach, was los ist. Wenn die Leine nicht dran ist, dann loben wir einfach ab dem Moment, in dem wir stehenbleiben und haben den gleichen Effekt: Er bleibt stehen und sieht nach, warum Sie stehenbleiben. Probieren Sie es einfach selber: Geben Sie jemandem die Leine in die Hand, befestigen den Karabiner an Ihrem Rücken (Gürtelschlaufe) und gehen Sie so los, dass Sie nicht sehen, was der hinten macht. Wetten, dass Sie merken, wenn der stehenbleibt? Und wetten, dass Sie das auch merken, wenn er nicht an der Leine zieht oder zerrt, sondern die Leine ganz sanft zwischen Daumen und Zeigefinger durchlaufen lässt?

Bei manchen Hunden kann es passieren, dass sie sich an irgendetwas mit den Augen so festsaugen, dass sie überhaupt nicht mehr mitbekommen, was hinter ihnen passiert. Das kann z.B. ein Hund sein, der sich nähert, es kann etwas sein, was er noch nicht kennt, z.B. die Oma mit Rollator, oder eben etwas anderes, das ihn unglaublich fasziniert. Kein Problem. Entweder Sie bewegen sich hinter ihm im Halbkreis hin und her und erzählen ihm, was für ein toller Hund er ist und warten einfach ab, bis er aufmerksam auf Sie wird. Oder, falls die Situation es erfordert, hangeln Sie sich an der Leine hin. Dann stehen Sie direkt neben ihm, und das bekommt er sicher mit.

Was mache ich, wenn er nicht kommt? Antwort: Nichts, dann höre ich einfach auf zu loben und gehe mit ihm weiter, oder leite einen Richtungswechsel ein, denn es handelt sich um einen Vorschlag, nicht um eine Anweisung. Und diesen Vorschlag kann er annehmen oder auch nicht. Das gilt auch dann, wenn Sie neben ihm stehen und er kann und kann sich einfach nicht losreißen. Warten Sie einfach, bis er soweit ist.

Der unschlagbare Vorteil ist: Niemand kann etwas falsch machen, wir bauen keinen Druck auf und damit ist es für unsere Hunde unglaublich einfach, zu uns zu kommen. Denn eigentlich arbeiten wir hier mit etwas, das alle sozialen Lebewesen beherrschen. Sie können dazu einen simplen Versuch machen. Wenn Sie mit einer Gruppe Menschen unterwegs sind und Sie laufen eher im hinteren Drittel, dann bleiben Sie doch einfach mal stehen, ohne die aufmerksam zu machen, die vor Ihnen laufen. Es wird eine gewisse Zeit dauern, aber irgendwann stehen alle. Das ist eine ganz normale Reaktion, denn wenn wir in Gruppen unterwegs sind, sind wir bestrebt, zusammen zu bleiben. Und wenn wir die Nachricht bekommen, dass hinter uns etwas „passiert", nämlich jemand stehenbleibt, dann bleiben wir auch stehen und sehen nach. Hunde können das einfach so, außer wir haben es ihnen abgewöhnt.

Woher kommt diese Nachricht? Keine Ahnung. Ich weiß nur, dass es funktioniert und dass Hunde, die länger als die mittlerweile üblichen acht Wochen bei ihren Eltern waren und evtl. auch mit Mama und Geschwistern unterwegs waren, das perfekt beherrschen. Meiner Hündin Indiana, die die ersten 5 Monate ihres Lebens mit ihrer Mutter und ihren Geschwistern in Griechenland verbrachte, musste ich das nie beibringen - in Gegensatz zu allen anderen Hunden in meiner Hundeschule.

Versuchen Sie es einfach. Sie können nichts falsch machen. Was Sie und Bello aber dadurch lernen: Sie bleiben in „komischen" Situationen, die für Ihren Hund schwierig werden könnten, automatisch stehen. Gerade in solchen Momenten wenden sich Hunde gerne an uns, da sie sehr gut erkennen, mit was sie klarkommen und mit was nicht. Also kommt Ihr Hund zu Ihnen und Sie können gemeinsam eine Lösung finden: abwarten, bis sich etwas Bedrohliches aufgelöst hat, abbiegen, einen Bogen gehen, die Straßenseite wechseln oder umdrehen. Es ist also eine nützliche Übung, die man immer brauchen kann, nicht nur auf der Jagd.

Das Umlenkgeräusch

Sehr hilfreich beim Leinenführigkeitstraining kann ein Umlenkgeräusch sein. Ein Umlenkgeräusch bauen Sie im Prinzip auf wie einen Clicker: der Hund hört das Geräusch und bekommt zeitgleich etwas Leckeres angeboten, das er sehr gerne mag. Dieses Geräusch kann ein Zungenschnalzen sein, das bevorzuge ich, das kann aber auch ein leiser Pfiff oder ein anderes, neutrales Geräusch sein. Das Stichwort heißt: neutral. Denn dieses Geräusch soll keine Emotionen übertragen, das darauf folgende Lob dafür umso mehr.

Im Gegensatz zum Clicker ist hier die Verbindung: Wenn du dieses Geräusch hörst, dann komm zu mir her und komm mit mir mit. In den ersten 2-3 Übungseinheiten lernt Bello, dass das Geräusch immer etwas Gutes zum Essen und große Begeisterung von Ihrer Seite zur Folge hat. Bei der letzten Übungseinheit können Sie durchaus eine ganz kleine Ablenkung einbauen, z.B. bitten Sie jemanden in der Nähe aufzustehen und wegzugehen. Ihr Hund wird sicher hinterhersehen, wenn er auf das Geräusch hin auf Sie reagiert, haben Sie den ersten wichtigen Schritt erledigt.

So sehen die nächsten Schritte aus:
- Sie machen das Geräusch und gehen 2-3 kleine Schritte rückwärts, Bello kommt Ihnen nach und bekommt seine Leckerchen und Ihr begeistertes Lob
- Sie machen das Geräusch, drehen sich um und gehen ein paar Schritte weg. Bello kommt mit und der Leckerchenregen und Ihre Begeisterung sind riesig
- Sie denken sich alle möglichen, netten Situationen aus, in denen Sie das üben: Wir umrunden eine Parkbank, wir machen einen Bogen um ein Fahrrad ...

Damit Susi nicht denkt, dass sie immer unmittelbar zu Ihnen kommen muss, können Sie ihr die Leckerchen auch einfach mal zuwerfen. Denn das Signal heißt: Komm zu mir und komm mit mir mit. Ob Susi jetzt direkt bei Ihnen oder in fünf Metern Entfernung mitkommt, ist egal. Sie können dieses Signal, das übrigens von Turid Rugaas entwickelt wurde, auch sehr gut in stressigen Situationen einsetzen, wenn Susi noch nicht gelernt hat, sich selber rauszuholen, also z.B. bei Begegnungen mit Hunden, vor denen sie sich fürchtet, oder mit Müllautos und ähnlichen Schreckgespenstern.

Wie setzen Sie das jetzt bei der Leinenführigkeit ein? Da wir immer mal wieder unterschiedliche Leinenlängen haben, ist das eine gute Möglichkeit, den Hund mit dem Ende der Leine vertraut zu machen. Also hört er das Geräusch dann, wenn Sie bei einer 10-m-Leine nur noch 2-3 Meter zur Verfügung haben. Er kommt zu Ihnen, Sie loben ihn überschwänglich, geben ihm seine Leckereien, achten darauf, dass er langsam von Ihnen weggeht, und wiederholen das evtl. ein paar Mal. Denken Sie bitte daran, dass ihn das vielleicht ziemlich nervt, wenn Sie ihn immer aus allem herausholen, und dass es nicht immer notwendig ist, ihn auch beim allerkleinsten Zug an der Leine umzulenken. Vielleicht möchte er nur mal kurz an diesem Busch schnüffeln und Sie müssen zwei, drei schnellere Schritte machen, damit er hinkommt. Danach kann er dann entspannt weitergehen und ein großartiges Umlenken ist weder sinnvoll noch notwendig.

Ruhe beim Start

Nach meiner Erfahrung ist das Umlenkgeräusch am wirkungsvollsten beim Losgehen mit jungen und / oder sehr enthusiastischen Hunden, die vor lauter Freude zum Überdrehen neigen. Mit Junghunden mache ich in der ersten Trainingsstunde gerne einen kleinen Spaziergang. Bereits am Tor kann ich gut erkennen, ob und warum dieser Hund ein effektives Ziehen an der Leine durch seinen Halter gelernt hat. Nein, Sie haben sich nicht verlesen. Denn das Ziehen an der Leine bringen wir unseren Hunden bei.

Sollten Sie bis jetzt kaum die Gelegenheit gehabt haben, die Haustür zu schließen, Ihren Schlüssel zu verstauen und ruhig loszugehen, dann ändern Sie Ihr Aufbruchsritual: jetzt. Ab sofort bleiben Sie stehen, schließen die Tür, verstauen Ihren Schlüssel, erzählen währenddessen Ihrem Liebling mit einer ruhigen, freundlichen Stimme, dass Sie zu einem wunderschönen und großartigen Spaziergang starten, dass das aber durchaus in aller Ruhe möglich ist .... lassen Sie sich Zeit, holen Sie feine Kekse aus der Tasche und streuen sie auf den Boden, und währenddessen erzählen Sie ihm einen netten Roman. Er wird kommen, auch wenn's am Anfang dauert, und wird die Leckerchen haben wollen, die er natürlich aufnehmen kann. Wenn er fertig ist mit Leckerchensuche und bei Ihnen steht, schauen Sie ihn freundlich an und sagen etwas wie: Wollen wir jetzt schön spazieren gehen? Sie gehen los und geben ihm 2,3,4.... Leckerchen so wie unter „Leckerchen vor der Nase" beschrieben.

Falls er doch auf die Idee kommt, dass er jetzt sofort losstürmen muss, kommt das Umlenkgeräusch zum Einsatz. Aber übertreiben Sie es bitte nicht. Gerade für junge, stürmische Zeitgenossen sollten wir schon Verständnis haben, dass der Aufbruch einfach so aufregend ist, dass sie nicht wie alte, abgeklärte Graunasen gemütlich losgehen können. Falls Sie schon mal eine Doku über Wölfe gesehen haben, dann wissen Sie, dass hier immer großes Remidemi beim gemeinschaftlichen Aufbruch angesagt ist und alle wie wild durcheinanderlaufen und sich riesig freuen. Das müssen Sie nicht unbedingt nachmachen, aber haben Sie bitte Verständnis für die Pelznase. Schließlich ist der Spaziergang ja auch das Highlight des Tages. Bei Hunden, die der Welt lautstark mitteilen müssen, was jetzt Tolles passiert, kann es auch hilfreich sein, wenn Sie beim Aufbruch ein bisschen mitsingen.

Leinenhandling

Je länger die Leine ist, an der Bello hängt, umso wichtiger ist es, damit richtig umzugehen. Wir fangen mal damit an, wie man es nicht machen soll:
- die Leine schleift auf dem Boden
- Sie halten die Leine krampfhaft fest
- sie ist immer komplett ausgefahren
- Sie haben nur eine Hand an der Leine
- der Karabiner hopst auf dem Hunderücken rum

Eine Leine, die auf dem Boden aufliegt, ist eine unterbrochene Telefonleitung: es kommt nichts an, auf keiner Seite. Sie soll aber eine freundliche Verbindung zwischen Mensch und Hund sein, also müssen auch beide merken, wenn auf der anderen Seite etwas passiert. Deshalb sollte sie immer locker durchhängen, selbst eine leichte Spannung ist kein Problem.

Viele Menschen nehmen die Leine auf und halten sie sofort krampfhaft mit beiden Händen fest, man könnte meinen, sie halten einen Flugzeugträger am Strick und sind felsenfest davon überzeugt, dass der nur mit nackter Gewalt gehalten werden kann. Sie haben aber keinen Flugzeugträger an der Leine, sondern einen Hund, der auch im Extremfall, z.B. bei einer Dogge, maximal 70 – 80 Kilo wiegt. Selbst ein deutlich schwerer Hund muss so nicht gehalten werden. Die Spannung, die Sie automatisch mit der Verkrampfung Ihrer Hände und damit des ganzen Körpers auf die Leine bringen, überträgt sich auf Bello und bewirkt z.B., dass er richtig zu ziehen anfängt, weil er von Ihnen und der unangenehmen Stimmung hinter ihm wegwill. Außerdem sind Sie vollkommen darauf fokussiert, dass irgendwas Schreckliches passieren wird, sonst würden Sie die Leine ja nicht so halten. Sie signalisieren mit allem, was Sie haben: Eine Katastrophe ist im Anzug, ich weiß zwar nicht genau welche und wann, aber ganz sicher passiert was. Wozu soll das gut sein?

Eine Leine, bei der Sie grundsätzlich keinen Spielraum mehr haben, ist vermutlich zu kurz. Damit meine ich jetzt nicht, dass Sie ab und zu ans Ende der Leine kommen, dafür ist sie ja so lang, damit Fiffi auch mal weiter weg kann, ohne dass Zug auf die Leine kommt, sondern wenn er dauerhaft den kompletten Spielraum ausreizen muss. Manche Hunde brauchen eben viel Platz. Einem Hund mit einem großen Aktionsradius ist vielleicht eine 10-Meterleine zu kurz, dann nehmen Sie eben eine mit 15 oder 20 Metern. Eine ständig gespannte, weil bis zum Ende ausgefahrene Leine wirkt sich unangenehm auf beide Seiten aus: Sie befürchten u.U., dass Bello sie Ihnen bei der nächsten Gelegenheit tatsächlich aus der Hand reißt, und obendrein tun Ihnen die Arme und Schultern weh, während Bello ständig Druck auf der Leine, also am Brustgeschirr verspürt, und das erzeugt Stress. Sie sollten in so einem Fall ernsthaft über eine längere Leine nachdenken.

Beim Laufen sollten Ihr Körper und Ihr Gesicht immer zum Hund zeigen, damit Sie mitbekommen, wenn er Ihnen etwas mitteilen möchte. Wenn Sie zwei Hunde an der Leine haben so wie ich, dann ist das kein Problem, denn dann laufen Sie die meiste Zeit zwischen den Leinen, sprich zwischen den Hunden, und Ihr Gesicht zeigt zu den Hunden. Falls Sie nur einen Hund an der Leine haben, kann es durchaus problematisch werden, wenn Sie dauerhaft nur eine Hand an der Leine haben, denn dann besteht die Gefahr, z.B. wenn er los düst, weil er was Tolles entdeckt hat, dass Sie dagegenhalten und damit Ihren Körper leicht abdrehen. Das sieht man aber auch bei lockerer Leine öfter mal, dass der Mensch sich woanders hin orientiert und das deutlich zeigt. Für den Hund ist das aber ein klares Zeichen, dass Sie sich nicht für seine Erlebnisse interessieren, denn sonst würden Sie ja nicht wegschauen. Tatsächlich können Sie dadurch auch von allen möglichen Aktionen überrascht werden, da ja nicht nur Ihr Körper in eine andere Richtung zeigt, sondern eben auch Ihr Gesicht, also Ihre Augen. Sie sind mit Ihrer Aufmerksamkeit vermutlich nicht wirklich bei Ihrem Hund.

Wenn man beide Hände an der Leine hat, ist die Ausrichtung in die richtige Richtung, sprich beim Hund, und zudem kann man dafür sorgen, dass die Leine ruhig auf dem Hunderücken liegt, weil man mit der einen Hand die Länge reguliert und mit der anderen für eine ruhige Leinenhaltung sorgt.

Ein „unruhiger" Karabiner auf dem Hunderücken ist sehr, sehr unangenehm für den Hund. Selbst wenn kleine Stoffläppchen am Brustgeschirr den Schlag abmildern, müssen wir immer bedenken, dass der Karabiner direkt auf der Wirbelsäule liegt. Wenn jetzt ständig Bewegung in der Leine ist, die den Karabiner auf dem Hunderücken in Bewegung setzt, kann der zum einen einfach nervig, zum anderen aber richtig schmerzhaft sein. Eine frühere Kundin von mir konnte ihren Hund nie dazu bringen, ruhig an der Leine zu laufen, da sie ihre Hände nicht ruhig halten konnte. Die einzige Möglichkeit für ihre Hündin, das abzustellen, war, die Leine stramm zu halten.

Wie machen wir das jetzt richtig?

Dadurch, dass Sie die Punkte „Richtige Leinenlänge" und „Leine hängt lokker durch und schleift nicht auf dem Boden" immer gut beachten, haben Sie schon sehr viel gewonnen, denn damit sind Sie automatisch sehr aufmerksam und bekommen die meisten Aktionen Ihres Hundes mit. Eine Schleppleine sollte in der Regel mindestens 10 Meter, u.U. deutlich länger sein. Wie lang sie sein muss, hängt von Ihrem Hund ab. Für meinen Maxl reichen zehn Meter gut, in manchen Bereichen kommt er auch mit fünf Metern gut klar, weil ich ihn sehr oft frei laufen lassen kann. Für Indiana sind zehn Meter das Minimum, sie braucht eigentlich mindestens fünfzehn Meter. Und nein, im Ortsbereich oder an befahrenen Straßen sind die Hunde nicht auf der maximalen Distanz zugange, da werden entweder kürzere Leinen angelegt oder die langen kürzer genommen.

Falls Sie dazu neigen, die Leine unter allen Umständen festzuhalten, als hätten Sie einen Flugzeugträger am Strick, sollten Sie sich zuerst ohne Hund in aller Ruhe bewusst machen, dass dieses Klammern etwas ist, zu dem Menschen leider neigen. Neugeborene Babys klammern sich mit Händen und Füßen an Wäscheleinen, wenn man sie hinhängt. Etwas unbewusst festzuhalten ist ein Reflex, den wir lebenslang beibehalten. Mit etwas Routine und dem bewussten Umgang mit unseren Händen können wir das allerdings abstellen. Wenn Bello ganz ruhig irgendwo reinläuft, wo Sie ihn gut beobachten können, gibt es keinen Grund zu klammern.

Halten Sie die Leine ganz ruhig mit beiden Händen, die vordere hält die Leine ruhig, die hintere gibt nach, so lange es nötig ist und reden Sie mit ihm in ruhigem, leisen Tonfall: „Das machst du super, schau nur nach, da waren die Rehe, Hasen, Katzen....., sehr gut machst du das, Bello....." Während Sie sprechen, konzentrieren Sie sich auf Ihren Hund, Sie registrieren, dass er wirklich nur einen kleinen Kontrollgang macht und dass es für Sie keinen Grund zur Panik gibt. Falls er wirklich durchstartet, können Sie ihn immer noch zurückhalten. Aber Sie werden feststellen, dass das nach einiger Übung in deutlich weniger Fällen notwendig ist. So bekommen Sie mehr Vertrauen zu ihm, er freut sich über Ihre Mitwirkung, Ihr Verhältnis wird entspannter und die Leine ist dauerhaft locker und Sie und Bello auch.

Wenn Sie beide Hände an der Leine haben, wird vieles einfacher. Ihr Ausrichtung stimmt, Sie nehmen an den Aktionen Ihres Hundes teil, die Leine liegt ruhig auf dem Rücken Ihres Hundes und Sie können rechtzeitig die Leine nachgeben, bzw. einholen. Wenn Sie zwischendrin, wenn alles ruhig und entspannt ist, die Leine mal mit einer Hand halten, ist das kein Problem, aber sowie Sie sich in Gegenden bewegen, in denen bekanntermaßen die Lieblingssubjekte Bellos zugange sind, sollten beide Hände an der Leine sein, denn damit signalisieren Sie sich selber und Ihrem Hund, dass Sie jetzt voll und ganz dabei sind. Um Ihre Schultern im Fall des Falles abzusichern, empfiehlt es sich, die Hände vor dem Bauch zu halten, dann geht ein eventueller Ruck nicht in die Schultern, sondern Sie können ihn schnell und sicher abfangen.

Machen Sie einfach mal folgenden Test: befestigen Sie die Leine am Hosenbund eines Helfers und halten Sie die Leine 1. mit beiden Händen locker vor Ihrem Bauch, bzw. 2. mit lockeren, ausgestreckten Armen vor Ihrem Körper oder 3. an einer Hand neben Ihrem Körper. Ihr Partner zieht plötzlich und unerwartet an der Leine. Was fühlt sich für Sie besser an? Was ist besser für Ihre Gelenke, besonders für die Schultern? Und in welcher Position haben Sie mehr Kraft?

Auch das Nachgeben, bzw. Einholen der Leine ist unkomplizierter. Dazu sichert eine Hand, die vorne liegt, die Leine ab, die andere, die hinten liegt, gibt nach, bzw. holt ein. Damit verhindern Sie, dass Sie, dass der Karabiner sich auf dem Hunderücken hin- und herbewegt, bzw. unnötige Impulse auf den Hunderücken übertragen werden.

Erinnern Sie sich? Die Leine ist die freundliche Verbindung zwischen Mensch und Hund, sie dient auch dazu, von beiden Seiten Informationen zu senden und anzunehmen. Wenn über die Leine permanent Signale auf den Hunderücken übertragen werden, wird der Hund sie entweder ignorieren oder unerfreulich reagieren, indem er z.B. ständig an der Leine zieht, um sie ruhig zu halten.

Ein gutes Leinenhandling ist der Garant dafür, dass Bello versteht, was gute Leinenführigkeit bedeutet, nämlich eine lockere Leine, nur notwendige Signale über die Leine und entspanntes Laufen. Natürlich klappt das alles nicht von jetzt auf gleich, aber mit ein bisschen Übung und gutem Willen kriegen Sie das schon hin.

Welche Leinen sind die besten?

Gute Frage, ich weiß es nicht. Selber bevorzuge ich eigentlich Lederleinen, die allerdings ab einer Länge von mehr als fünf Metern für kleine Hunde zu schwer werden. Sie haben den Vorteil der Langlebigkeit, reißen einem nicht Hände auf, wenn sie mal etwas schneller durchgleiten und lassen sich - außer bei Nässe - wunderbar auch ohne Handschuhe halten.

Darum nehme ich sehr gerne Jalousieband für längere Leine. Einer der Vorteile ist, dass Sie sich die Länge aussuchen können, wie Sie sie brauchen. Jalousieband gibt es sehr günstig im Internet. Ein großer Vorteil ist die Unempfindlichkeit gegen Schmutz und Nässe. Auch eine sehr nasse Leine können Sie immer noch gut halten, und sie rutscht nicht durch die Finger. Sie sind sehr leicht, eignen sich also besonders für kleine oder sehr empfindliche Hunde. Dazu kommt, dass sich Jalousieband nicht so leicht verwickelt und festhängt. Allerdings ist das Gewicht auch ein Nachteil. Bei starkem Wind fängt Jalousieband an zu flattern. Dadurch bekommt der Hunde evtl. irritierende Signale am Rücken. Auf alle Fälle benötigen Sie Handschuhe, damit Sie Ihre Hände gegen Brandblasen schützen, wenn Ihr Hund mal sehr schnell irgendwo hin muss .

Gurtband hat ähnlich Vor- und Nachteile, allerdings gibt es aus Gurtband sehr schwere Leinen, sie verwickeln sich leichter als Jalousieband und bleiben leichter hängen. Manche Materialien saugen sich auch leicht voll oder nehmen Dreck auf, so dass die Leine u.U. sehr schwer wird.

Biothaneleinen sind eine gute Alternative. Mich stört nur das „Bio" in der Bezeichnung, da Kunststoffleinen nicht wirklich „bio" sind. Es gibt sie in beliebigen Längen, die Signalfarben haben den Vorteil, dass man sie in belebten Gegenden gut sieht, und die guten Qualitäten sind auch sehr leicht. Sie müssen aber ebenfalls Handschuhe tragen und die Leinen werden bei Nässe manchmal glitschig. Wenn Sie Biothaneleine bevorzugen, sollten Sie nicht sparen, da die billigen schnell kaputt gehen und meistens zu schwer sind.

Was definitiv auf dem Müll gehört, sind Flexileinen. Sie sind extrem verletzungsträchtig, Sie bekommen nicht mit, was Ihr Hund am anderen Ende so alles macht, da Sie die Bewegungen nicht in der Hand spüren. Die Leine ist auf Dauerzug, erzieht also zum Ziehen und hat eigentlich nur Nachteile. Ich habe schon viele unerfreuliche Berichte über Unfälle mit Flexileinen gehört und habe auch selber nur negative Erfahrungen damit.

Das Gewicht der Leine ist ein wichtiger Punkt, denn der Hund trägt einen Teil davon selber. Auch sollten Sie darauf achten, dass keine Schlaufen, Ringe und Ösen angebracht sind. Es reicht ein Knoten anstelle einer Schlaufe, damit Ihnen die Leine nicht versehentlich aus der Hand flutscht. Auf den Knoten können Sie verzichten, wenn Sie sehr geübt sind. Alles andere kann nur für Schwierigkeiten sorgen, indem irgendwas irgendwo hängenbleibt und Bello einen unerfreulich Ruck bekommt. Oder Sie bleiben mit einem Finger in einem Ring hängen, und dann wird's unter Umständen sehr unangenehm für Ihren Finger.

Hin und zurück oder Runden laufen

Gerade bei Hunden, die beim Losgehen viel zu aufgeregt sind, empfiehlt es sich, keine Runden zu drehen, sondern an einem bestimmten Punkt, z.B. nach einer längeren Pause, den Rückweg anzutreten. Dadurch bekommt der Hund die Möglichkeit, alle Stellen, für die er vorher nicht genügend Zeit hatte, noch einmal gründlich zu untersuchen. Das ist auch dann sinnvoll, wenn Sie ihm die Zeit vorher gegeben haben, er aber schlicht zu aufgeregt war. Normalerweise laufen die Hunde auf dem Rückweg dann auch ruhiger.

Wenn Sie jetzt unbedingt Runden laufen wollen, was wir auch sehr gerne machen, und Sie haben das Gefühl, dass das für Ihren Bello kompliziert werden könnte, führen Sie ihn langsam heran. Als ich noch ehrenamtlich im Tierheim arbeitete, hatte ich einmal zwei junge Rüden, Brüder, unter meinen Fittichen, die vollkommen depriviert waren. Obwohl sie ca. zweieinhalb, bzw. eineinhalb Jahre alt waren, kannten sie nichts außer der Wohnung, in der sie geboren waren und auch lebten. Für eine erfolgreiche Vermittlung war aber notwendig, dass diese Hunde an der Leine laufen und spazieren gehen konnten. Also lief ich immer zuerst mit dem älteren los, der auch mehr Selbstvertrauen hatte. Die ersten Spaziergänge gingen nur bis zum Spielplatz und zurück, dann erweiterten wir bis zum Tierheimeingang, dann bis zur Straße, dann über die Straße, dann einen Bogen in den Wald....... bis wir wieder an der Straße standen. Jetzt hätten wir zurückgehen können, was wir einige Male auch taten, aber auf der anderen Seite war ebenfalls bekanntes Terrain, denn dahin hatten andere Spaziergänge geführt, die ich ebenso langsam erweitert hatte. Es war also nur eine Frage des Vertrauens, ob der kleine Hund bereit war, mit mir über die Straße zu gehen und dort einen bekannten Weg zu finden. Er war so mutig und vertrauensvoll und wir konnten diese Runde zu Ende laufen. Sein kleiner Bruder war immer nach ihm dran, er brauchte den vertrauten Geruch seines großen Bruders, um sich überhaupt irgendwohin zu trauen.

Genau so können Sie mit Ihrem Hund auch Hin- und Zurückspaziergänge oder Runden aufbauen. Bei uns gibt es beides. Und weil wir in der Regel die Hunde entscheiden lassen, wo sie gehen wollen, ist es für uns oft ein bisschen überraschend, wie wir irgendwo hin und dann auch wieder nach Hause kommen.

Eigene Ideen

Ziel all dieser Übungen ist es, dass Hexe an lockerer Leine laufen kann, womöglich auch beim Anblick von Hasen und Rehen. Und so wie Hunde gerne unsere Kooperation beim Jagen hätten, so hätten wir im Gegenzug gerne die Kooperation der Hunde, wenn es um die lockere Leine geht. Die bekommen wir aber nur, wenn wir auch die Ideen, die unser Liebling entwickelt, erkennen und ausprobieren.

Einer meiner Kundenhunde wurschtelt sich z.B. selber mit einer merkwürdigen kleinen Drehbewegung die Leine unter den Bauch, sobald irgendwas zu aufregend für ihn ist. Meine Kundin hat alles Mögliche versucht, um ihn davon zu überzeugen, dass es anders angenehmer für ihn ist. Ich vermute mittlerweile, dass er sich damit selber ausbremst.

Meine Hündin Indiana hat mit Hilfe des Umlenkgeräusches angefangen, einen großen Kreis an lockerer Leine um mich zu laufen. Anfangs habe ich ihr immer ein Leckerchen gegeben, wenn sie wieder nach vorne stürmen wollte, daraufhin hat sie manchmal noch 2-3 Runden gedreht und wurde dadurch ruhiger. Mit der Zeit wurden die Anlässe für die Runden weniger und die Runden kürzer, und mittlerweile ist der Start sehr entspannt - außer, wenn die Nachbarkatzen im Gebüsch lauern.

Viele Hunde zeigen deutlich an, wenn sie eine Pause brauchen oder zurückgehen möchten, weil der Kanal einfach voll ist. Wenn wir die kleinen Signale, die sie uns senden, übersehen, kann es sehr schnell zu Aktionen kommen, die wir nicht wirklich einordnen können. Vielleicht haben Sie einen Zeitpunkt für den Spaziergang gewählt, an dem mehr los war als sonst. Vielleicht konnte er die aufregenden Ereignisse - Hundebegegnung, Wildsichtungen, Kinder auf dem Spielplatz... - noch nicht gut verarbeiten und muss sich abreagieren. Aufregende Erlebnisse brauchen ihre Zeit, bis sie geistig verarbeitet sind. Das kann eine extrem unfreundliche Reaktion auf einen entgegen kommenden Artgenossen sein, eine Attacke auf ein Auto oder einen Fahrradfahrer, obwohl ihn die eigentlich nicht mehr interessieren, oder auch übersteigertes Jagdverhalten. Je besser wir also auf Bellos kleine Anzeichen reagieren, umso deutlicher wird er uns zeigen, was er braucht, und was er gerne möchte und umso einfacher wird unsere Kommunikation.

Der Rückruf

Trotz einer guten Leinenführigkeit und einer genügend langen Leine sollten wir mit unseren Hunden einen guten und sicheren **Rückruf** aufbauen. Im Gegensatz zum Laufen an der Leine wissen Hunde sehr gut, was ein Rückruf ist, bzw. sie wissen, was es bedeutet, jemanden zu rufen oder gerufen zu werden. Im Gegensatz zu uns akzeptieren Hunde aber, dass der Gerufene „Nein, jetzt nicht" sagt und einfach das macht, was er gerade vorhatte. Menschen denken, sie sind so toll, dass ihre Pelznase immer unter allen Umständen bei jedem Rückruf sofort wie eine Rakete freudig angeschossen kommen muss. Ich kann Ihnen versichern, dass meine Hunde sehr wohl kommen, wenn ich sie rufe, aber ich beachte einige

Dinge, damit sie das auch wirklich entspannt tun können.

1. Nicht jeder Hund kann das, was er gerade macht, sofort unterbrechen, um Ihnen Folge zu leisten. Ein Terrier, der bis zum Anschlag in einem Mauseloch hängt, hört Sie gar nicht. Ein Herdenschutzhund, der die Gegend abscannt, hört Sie zwar, kann aber erst kommen, wenn er fertig ist und festgestellt hat, dass seine Aufmerksamkeit momentan nicht vonnöten ist.
2. Egal, wie lange es dauert, bis ein Hund kommt, er wird immer, immer, immer dafür begeistert gelobt und gefeiert.
3. Ich rufe niemals einen Hund in einer Situation, in der nicht kommen kann, weil er viel zu abgelenkt ist, bzw. ich akzeptiere, wenn ich das mal übersehen habe, dass es jetzt halt nicht geht.
4. Wir haben einen ganz einfachen, sehr entspannten Rückruf, ein Zauberwort, ein Mitkommsignal, ein Umlenkgeräusch, einen Rückpfiff alles Mögliche aufgebaut, so dass auch das Abrufen nie langweilig wird.
5. Und dann haben wir schließlich und endlich einige Vorschläge, die die Hunde annehmen können oder eben auch nicht. Das macht es ihnen dann deutlich einfacher, meinem Rufen Folge zu leisten, wenn es wirklich notwendig ist.

40. Maxl ist so konzentriert auf die Ereignisse im Wald, er hört mich gar nicht, wenn ich rufe – also lasse ich es bleiben.

Wenn Sie sich mit diesem Thema ein bisschen genauer befassen wollen, empfehle ich Ihnen mein Buch „Darf ich bitten? - Das 1x1 des freundlichen Rückrufs".

Über das Thema „Sicherer Rückruf" sollten Sie mal ganz grundsätzlich und sehr gründlich nachdenken, denn aus diesem Thema machen viele Hundemenschen ein solches Drama, dass es mich manchmal wundert, wenn ihre Hunde überhaupt noch kommen. Es geht irgendwie immer ums Prinzip. Das mag ja in manchen Situationen ganz sinnvoll sein, wenn ich z.B. ganz grundsätzlich und prinzipiell für einen freundlichen und gewaltfreien Umgang mit Hunden bin. Da gibt es eben keine Ausnahmesituation, in der ich mal eben meinen Hund am Hals würgen darf. Aber wenn es um den Rückruf geht, sollten wir mit Prinzipien schon ein wenig behutsam sein.

Ganz sicher sollten Sie Ihren Liebling nicht ausgerechnet dann rufen, wenn er sehr intensiv mit etwas beschäftigt ist, nach dem Motto: Jetzt ist er gerade abgelenkt, jetzt ruf ich ihn mal. Was soll dabei herauskommen? Dass er sich darüber freut, zu Ihnen zu kommen? Obwohl er jetzt gerade eine superwichtige Spur untersuchen musste? Wie begeistert sind Sie denn, wenn Sie gerade konzentriert Zeitung lesen oder einen spannenden Krimi ansehen und Ihr Partner oder Ihre Partnerin ruft Sie zu sich, weil ... naja, weil ihr oder ihm eben danach war? Freuen Sie sich dann das nächste Mal so richtig, wenn er oder sie Sie ruft? Oder fiebern Sie schon regelrecht auf den Moment hin, an dem Sie endlich gerufen werden? Vermutlich eher nicht, vermutlich sind Sie total genervt, evtl. fangen Sie auch einen richtigen Streit an.

Ihr Hund wird nicht mit Ihnen streiten, aber er wird nicht wirklich verstehen, was das soll. Warum hindern Sie ihn daran, seine Aktion zu beenden, nur weil Sie keine Geduld haben, das abzuwarten? Und weil ein Rückrufsignal gefälligst immer und prompt zu befolgen ist, bestehen Sie eben drauf. Bei sanften, nachgiebigen Zeitgenossen mag das funktionieren, bei selbständigeren Hunden, die durchaus mal auf ihrer Meinung beharren, könnte es ernsthafte Probleme geben, denn die zeigen Ihnen irgendwann den dicken Finger. Und: Nein, auch das beste Leckerchen der Welt wird Ihnen bei diesen Hunden nichts nutzen. Erinnern Sie sich? Wenn Bello erst hinter dem Reh her ist, können Sie gerne mit einem halben Rind wedeln, er wird sich nicht umdrehen, sondern weiter versuchen, das Reh zu kriegen. Denn wenn er sich nach Ihnen orientiert, ist das Reh weg. Sie dagegen stehen mit dem halben Rind in einer Stunde immer noch da.

Die erste und wichtigste Regel beim Rückrufaufbau ist deshalb: Wir rufen unseren Hund nur dann, wenn es wirklich sinnvoll, nachvollziehbar und für ihn machbar ist.

Die zweite Regel lautet: Wir verstehen, dass ein Hund in manchen Situationen einfach nicht kommen kann. Das kann sein, wenn er etwas fertig machen muss, aber auch wenn er sich bedroht fühlt oder zu sehr abgelenkt ist, müssen wir uns eben gedulden oder uns etwas einfallen lassen.

Die dritte Regel lautet: Wir verstehen, dass Hunde sich untereinander ebenfalls rufen, der Gerufene aber immer die Möglichkeit hat, „Nein, jetzt nicht" zu sagen.

Die vierte Regel lautet: Ein Hund, der in wirklich wichtigen Situationen nicht abrufbar ist, gehört an die Leine.

Und die fünfte Regel lautet: Rufen Sie Ihren Hund immer freundlich und liebevoll - ganz egal, wie Sie selber drauf sind.

Es gibt ein paar Unterscheidungen, an denen sollten Sie gut arbeiten:
Wollen Sie, dass er tatsächlich zu Ihnen herankommt oder dass er mit Ihnen mitkommt, oder ist egal, was er macht, also wenn er nicht kommen möchte, ist es auch gut?
Wenn Sie das ordentlich unterscheiden, dann haben Sie schon viel gewonnen.

Das **Herankommen** bauen Sie mit einem freundlichen, dreisilbigen Signal auf, bei mir heißt das „Schau mal her". „Komm" sollten Sie besser nicht verwenden, da es zu oft in anderen Zusammenhängen vorkommt. Wenn Sie es gar nicht vermeiden können, können Sie „Komm zu mir" nehmen. Sie nehmen 4-5 gute Leckerchen in die Hand, Bello ist in Ihrer unmittelbaren Nähe, Sie strecken eine Hand mit Leckerchen auf die Seite, sagen „Bello, schau mal her" und gehen ein, zwei Trippelschrittchen rückwärts.Sie freuen sich sofort, weil das jetzt gerade eine so tolle Übung ist, die Sie sehr, sehr gerne mit ihm machen, wenn er nachkommt, freuen Sie sich noch mehr, und wenn er bei Ihnen ist, bleiben Sie stehen, geben ihm sein

Leckerchen und freuen sich ein Loch in den Bauch, und zwar so, dass er das deutlich merkt. Das wiederholen Sie 4-5 mal, das Ziel ist, dass er ruhig bei Ihnen stehenbleibt und fragt, ob noch was kommt. Wenn nichts mehr kommt, die Übung also beendet ist, erzählen Sie ihm freundlich, dass er alles ganz super gemacht hat, beenden das Gespräch, und er kann gehen.

Machen Sie die Übung ein paar Mal, dann fangen Sie an, die Entfernung zu variieren. Mit Ablenkungen warten Sie noch ein paar Tage, rufen Sie ihn nur zu sich, wenn er es wirklich kann. Dann kommen kleine Ablenkungen dazu, z.B. sieht oder hört er Sie nicht oder jemand, den er interessant findet, geht vorbei, während Bello sehr nahe bei Ihnen steht .... Aber übertreiben Sie es bitte nicht. Es soll trotz alledem für eine nette Übung beim Spaziergang sein, keine Schikane.

41. Wenn Indiana so angerannt kommt, ist die Freude bei uns riesig!

Sehr viel einfacher ist das **Mitkommen**. Das bedeutet schlicht, dass Sie Susi auffordern, mit Ihnen weiterzugehen, aber eben in der Entfernung, wie es für Susi gut ist. Das kann z.B. heißen: „Susi, wir gehen hier lang" - oder „Susi, hier geht's weiter". Wichtig ist dabei, dass Sie auch immer klar und deutlich die Richtung anzeigen, in die Sie gehen wollen.

Ein einfaches Beispiel verdeutlicht, wie einfach und effektiv dieses Signal sein kann. Sie gehen eine Straße entlang, an der Sie Susi laufen lassen können, es kommt kaum ein Auto und wenn, dann hören oder sehen Sie es rechtzeitig und können Susi anleinen. Die Straße führt an einigen Grundstücken entlang und bei einem Anwesen ist das Tor offen. Susi findet das super, denn auf diesem Hof leben etliche Katzen, da befindet sich ein interessanter Komposthaufen, da sitzt jemand auf der Terrasse und trinkt Kaffee und auf alle Fälle ist es immer spannend, etwas Neues zu erkunden. Sie haben vergessen, Susi an die Leine zu nehmen und entdecken erst, dass sie zügig durch das Tor marschiert, als es eigentlich schon zu spät ist.

Jetzt haben Sie mehrere Möglichkeiten:
- Sie rufen Susi zu sich, wissen aber, dass sie vermutlich nicht kommen wird.
- Sie laufen ihr hinterher, evtl. noch mit der Ansage „Nein, hier gehen wir nicht rein!"
- Sie bleiben stehen oder nehmen sogar noch Abstand zum Ort des Geschehens und sprechen Susi an: „Susi, hier gehen wir weiter", dazu zeigen Sie in die Richtung, in die Sie gehen wollen, und bewegen sich langsam weiter.

Was glauben Sie, was versteht Susi am besten?

Bei der 1. Variante kommt Susi vermutlich schon deshalb nicht, weil Sie es nicht ernst meinen. Hunde können das sehr, sehr gut unterscheiden. Bei der 2. verwirren Sie Susi gründlich, weil Sie ja mitkommen, ihr aber erzählen, dass Sie genau das nicht tun. Bei 3. kann es schon passieren, dass Susi sagt: „Nee, jetzt muss ich erst an den Katzennapf", aber sie versteht, was Sie meinen, und wenn Sie das gut und gründlich mit ihr üben, dann klappt's auch. Und so lange passen Sie einfach gut auf und nehmen Susi rechtzeitig an die Leine. Denn diese Übung kann man sehr gut an der Leine aufbauen, so dass Susi schnell versteht: reinkucken ist ok, reinlaufen nicht.

Und ob Sie es glauben oder nicht, es gibt Hunde, denen zeige ich das einmal und dann wissen die, was Sache ist. Interessanterweise sind das häufig junge, erwachsene Hunde, also so zwischen 1,5 und 2,5 Jahren, denen nie was richtig erklärt wurde, die immer mit sinnlosen und schlecht aufgebauten Rückrufsignalen gerufen wurden, und die einfach nicht wussten, was ihre Menschen von ihnen wollen.

Das **Zauberwort** brauchen wir für Notsituationen, also für die Momente, wo sich was richtig Schwieriges anbahnt und Sie wollen, dass Flocki wirklich ganz eilig und sofort kommt. Schon allein aus dieser Erklärung sollte klar sein, dass das kein Signal für alle Tage ist. Idealerweise sollten Sie es gar nicht ernsthaft benötigen, sondern einfach als Spiel für zwischendurch verwenden. Beim Zauberwort gibt es immer, immer, immer einen Leckerchenregen. Denn wenn Sie das irgendwann weglassen, ist der Spaß für Flocki ganz schnell vorbei und er macht nicht mehr mit.

Warum ist das so? Das Zauberwort können Sie u.U. auch dann anwenden, wenn er ansetzt, den Hasen über das Feld zu jagen. Jetzt müssen Sie aber schon ein sehr gutes Angebot für ihn haben, dass er den Hasen Hasen sein lässt und sich zu Ihnen umdreht und dann auch noch herkommt. Dazu brauchen Sie eine gute Kombination aus Action und sehr feinem Futter, denn - immer dran denken!!! - Sie konkurrieren gerade mit einem Hasen! Erinnern Sie sich bitte: Hunde neigen dazu zu sagen: „Du stehst in einer halben Stunde immer noch da, aber wenn ich mich nicht schicke, dann ist der Hase weg. Die Kekse kannst du mir ja später geben." Und das war's dann. Also bauen wir ein richtig feines Zauberwort auf, damit die Wahl „Hase oder Sie" nicht so schwer fällt.

So bauen Sie das Zauberwort auf: Sie nehmen in eine Hand richtig gute Leckerchen und lassen die ganz offen vor Flocki auf den Boden fallen, dazu sagen Sie ruhig und freundlich Ihr Zauberwort. Bei uns heißt das „Kuckst du". Flocki wird das richtig gut finden und die Kekse einsammeln. Das wiederholen Sie ein paar Mal und Flocki schaut immer zu, wie sich der Leckerchenregen vor ihm auf den Boden ergießt. Selbstverständlich teilen Sie ihm Ihre Begeisterung für sein Mitmachen auch deutlich mit.

Nach einer kurzen Pause wiederholen Sie das, bei der nächsten Übung werfen Sie die Leckerchen in bisschen hinter sich, so dass Flocki den Regen zwar noch sieht, aber ein paar Schritte hinmachen muss. Dann folgt wieder eine kleine Pause. Bei der nächsten Einheit sollte Flocki etwas weiter weg sein und auch nicht gleich sehen, was Sie machen. Sie rufen laut und fröhlich „Flocki, kuckst du!" und freuen sich sofort ein Loch in den Bauch. In dem Moment, in dem Flocki sich zu Ihnen umdreht, werfen Sie die Leckereien im hohen Bogen - damit er sie sieht - und mit lautem Jubel hinter sich. Natürlich wird er sofort zu Ihnen laufen und alles einsammeln. Sie können auch gerne noch ein paar mehr dazu werfen. Auch Ihre Begeisterung muss sehr deutlich wahrnehmbar sein. Und das machen Sie jetzt einige Wochen ohne besonderen Anlass beim Spazierengehen. Die

Ablenkungen stellen sich nach einiger Zeit vermutlich von alleine ein, aber Sie sollten darauf achten, dass es nicht zu viel wird.

Der Trick dabei ist der: Sie versprechen ihm ein kleines Rennspiel mit viel gutem Futter zum Abschluss - also wird er ganz sicher Beute machen. Das bauen Sie so gut auf, dass er gar nicht anders kann, als umzudrehen. Bei Ihnen ist das sicher ähnlich, wenn das Telefon klingelt: Sie brauchen schon sehr viel Selbstdisziplin, wenn Sie nicht rangehen. Wenn der Keksregen hinter Ihnen zu Boden geht, stehen Sie zwischen Flocki und dem Hasen und haben gute Karten, dass das Anleinen problemlos klappt. Das können Sie ganz nebenbei machen und ihm dabei noch mehr leckere Sachen auf den Boden streuen.

Das Zauberwort kann man sehr gut an einer langen Schleppleine aufbauen. Mein Maxl lief am Anfang an einer richtig langen Leine, knapp 20 Meter lang. Die wenigsten Hunde nutzen so eine Länge immer komplett aus, in der Regel sind die Hunde zwischen fünf und zehn Meter von einem entfernt, außer es passiert weiter weg etwas Spannendes. In meiner Trainingsleine habe ich an verschiedenen Entfernungen Knoten, so dass ich ungefähr weiß, wie weit der Hund von mir weg ist. Auf unserer Lieblingsstrecke, die immer an eine schöne Badestelle ging, hatte dankenswerterweise ein Reh seinen täglichen Ruheplatz hinter einem Polter. Polter nennt man die aufgestapelten Stämme am Wegesrand, die auf Abholung warten. Dieses Reh entfernte sich mit wackelndem Popo, als wollte es uns den Stinkefinger zeigen, wenn wir uns dem Polter näherten. Wir hatten unser Zauberwort schon sehr lange ohne und mit leichter Ablenkung (Rehgeruch) geübt, und nach einigen Wochen beschloss ich, das Reh in unser Programm mit einzubeziehen. Vorher hatte ich den Maxl an dieser Stelle immer etwas kürzer genommen und mit vielen Keksen vorbeigeführt. Jetzt ließ ich die Leine so lange, wie er sie wollte, und siehe da! Obwohl er die Gelegenheit wahrnehmen und hinter dem Reh herspurten wollte, drehte er sofort um und nahm seinen Leckerchenregen in Empfang. Von diesem Tag an war der Rückruf kein Thema mehr, aber an der langen Leine blieb mein Schatz natürlich trotzdem noch für lange Zeit.

Eine Kundin von mir hat zwei Labradorrüden, einen älteren und einen jungen. Mit Burik, dem jüngeren, hatte sie bei mir das Welpenpaket gebucht und dabei auch das Zauberwort gelernt. Lohmann, der ältere, ist ein unglaublich charmanter Zeitgenosse, der für einen Labrador sehr selbstbestimmt ist und das „Neinsagen“ außerordentlich gut beherrscht, keine Selbstverständlichkeit gerade bei dieser Rasse. Wenn Lohmann beschloss, dass er jetzt einfach keine Zeit hat zurück zu kommen, dann war das eben so. Durch das Training mit Burik wurde alles einfacher. Zum einen bestand der Kleine darauf, dass Lohmann gefälligst mitkam, wenn Frauchen sie rief, zum anderen fand Lohmann das Zauberwort einfach super. Meine Rede: Mit verfressenen Hunden lebt sich's leichter.

Trotzdem sollten wir uns davor hüten, gerade beim Rückruf so einen absurden Motivationsmarathon zu starten, wie leider von vielen, sehr freundlich arbeitenden KollegInnen empfohlen wird. Es scheint eine schwer zu beseitigende Überzeugung in den Köpfen vieler HundehalterInnen und TrainerInnen zu sein, dass ich meinen Hund nur gut genug motivieren muss, dann kommt er immer und überall und zu 100% zuverlässig, egal was um ihn herum passiert.

Bitte fallen Sie nicht auf so einen Unfug herein. Es gibt zum einen Hunde, die Sie rassebedingt mit ungefähr 100% Wahrscheinlichkeit immer an der Leine führen müssen. Da fallen mir als erstes die Beagle ein, die über tausende von Generationen für ein selbständiges Arbeiten ohne Mensch gezüchtet wurden. Beagle gehören so ziemlich zu den verfressensten Hunden, die man sich vorstellen kann. Aber sie sind auch sehr sensibel und druckempfindlich, und deshalb kann es Ihnen bei so einem Sensibelchen durchaus passieren, dass es einfach keine Lust mehr hat, in Ihre Nähe zu kommen, wenn Sie überhaupt keine Ruhe mit Ihrem Abruftraining geben. Das hat nichts damit zu tun, dass Sie ihn zu wenig motivieren, sondern damit, dass Sie für ihn nur noch nervig sind. Wir sind nicht auf dem Kasernenhof, wo die Soldaten alles sofort und unwiderruflich ausführen müssen, was ihr Feldwebel kommandiert. Wir wollen die besten Freunde unserer Hunde sein, und da sollten wir einfach ein bisschen Verständnis dafür aufbringen, dass wir nicht immer Priorität 1 in ihrem Leben sind, besonders dann, wenn etwas anderes momentan einfach total spannend ist.

10. Wenn du gerne möchtest, ...

... kannst du mitkommen.

Vielleicht kennen Sie diese Situationen, in denen Sie es sehr nett fänden, wenn Ihr Hund bei Ihnen wäre. Bei mir ist das so, wenn ich ins Büro gehe. Da finde ich es einfach schön, wenn einer meiner Hunde bei mir ist. Die Hunde sehen das aber nicht immer so und haben nicht unbedingt Lust, im langweiligen Büro abzuhängen. Wenn sie sehen, dass ich ins andere Haus gehe, dann schauen sie mich manchmal fragend an und ich frage zurück: möchtet ihr mitkommen? Es kann durchaus sein, dass sie erst einmal mitlaufen, denn es könnte auch sein, dass ich in den Laden gehe, und da lagern die Hundeguttis. Wenn sie mitkommen, ist die Wahrscheinlichkeit sehr groß - ca. 99 % -, dass jeder ein Stück getrocknete Lunge bekommt. Bis dahin ist das also kein Thema. Nur leider machen sie sich oft wieder vom Acker, wenn sie das Lungenstück erst ergattert haben.

Es könnte auch sein, dass woanders was Spannenderes passiert, z.B. fährt ein Pulk Fahrradfahrer vorbei, bei uns eine große Seltenheit, da müssen sich die Hunde sofort und unbedingt drum kümmern. Oder mein Mann macht etwas Interessantes, bei dem sie aufpassen müssen, oder sie haben keine Lust, weil sie gerade in der Sonne liegen und das ist einfach schöner. Außerdem können sie ja immer noch über den Balkon zu mir kommen.

Sie sehen, es gibt viele Gründe, warum meine Hunde etwas mitmachen oder eben auch nicht. Und das ist gut so. Würde ich sie zu allem und jedem zwingen, dann wäre die Freude an gemeinsamen Unternehmungen schnell dahin. Es ist außerordentlich wichtig, dass Sie Ihrem Vierbeiner so viele Freiräume wie nur irgend möglich lassen. Je mehr Sie bestimmen und festlegen und auch noch darauf beharren, umso mehr Freiheit nehmen Sie ihm und umso mehr sperren Sie ihn ein. Selbst wenn Sie alles noch so lieb und nett mit vielen Belobigungen und Leckerchen aufbauen, lebt er dann in einem engen Käfig, und auch ein goldener Käfig ist ein Käfig.

Wenn Sie möchten, dass Ihr Hund glücklich ist, dann müssen Sie ihm viel Entscheidungsfreiheit überlassen, z.B. wo heute der Spaziergang absolviert wird, wie lange er dauert, ob wir einen anderen Hund begrüßen oder lieber ausweichen, ob er eine Spur untersuchen möchte ... Allein an dieser kurzen Aufzählung sehen Sie schon, dass leider sehr schnell Situationen auftreten, bei denen Sie ihm eben nicht die freie Wahl lassen können, denn die läufige Nachbarhündin ist natürlich tabu, auch wenn es seine beste Freundin ist. Ebenso kann er gerne so lange und ausführlich an einer interessanten Spur schnüffeln wie er eben möchte. Ob wir die allerdings bis an ihr Ende, also bis zu dem betreffenden Tier verfolgen, ist eher unwahrscheinlich. Auch wie lange wir unterwegs sind, müssen sehr oft wir festlegen, da Menschen nun mal Termine haben.

Allerdings gibt es im Alltag viele Möglichkeiten, seinem Hund die Wahl zu lassen, ob er etwas tun möchte oder eben nicht. Unser kleiner Maxl wurde vermutlich in den ersten zweieinhalb Jahren ziemlich überkuschelt, wie das mit kleinen Hunden, die bei einsamen Menschen leben, oft der Fall ist. Es war Bedingung bei der Vermittlung, dass er im Bett schlafen und auf die Couch durfte. Alles kein Problem bei uns. Nur: Nach einiger Zeit hat sich herausgestellt, dass er gar nicht sooo gerne im Bett schläft. Anfangs lag er an meinem Bauch oder in der Kniekuhle ganz dicht, da passte kein Blatt dazwischen. Setzte ich mich abends vor dem Essen in meinen Schaukelstuhl im Wohnzimmer, war er schon auf meinem Schoß. Aber je länger er da war, umso mehr Abstand nahm er - weil wir ihm die Wahl gelassen haben und weil er selbständiger geworden ist. Heute schläft er in seinem Körbchen neben meinem Bett und wenn er Lust hat reinzukommen, dann sagt er Bescheid, ich hebe die Bettdecke auf und er hopst rein. Ebenso hat er sich entschieden, dass er abends in der Küche auf der Couch bleibt, aber wenn es ihm einfällt, kommt er zu meinem Mann auf die Wohnzimmercouch.

Ein anderer Punkt ist das Fressen. Ich bin eine überzeugte Verfechterin von Rohfütterung, bzw. Barfen. Wer wissen möchte, warum, kann gerne mein Buch „Wohl bekomm's - Dein Hund ist, was er frisst" lesen. Viele Menschen denken, wenn ein Hund gebarft wird, dann ist doch alles gut. Weit gefehlt. Der Maxl mag am liebsten Lamm, Fleisch, das länger als 2 Tage rumliegt, nimmt er nur mit Todesverachtung. Im Gegensatz dazu vergräbt er aber gerne mal Knochen und buddelt die nach einigen Wochen wieder aus, wenn sie die richtige Reife haben. Indiana frisst eigentlich alles außer frisches Wild, das verträgt sie nicht, deshalb nimmt sie es in der Regel gar nicht. Wenn es vorher eingefroren war, ist alles gut. Ich sehe förmlich, wie bei einigen sofort die Alarmglocken läuten und die Denkblase über dem Kopf aufgeht: Da geb ich mir so viel Mühe, sie bekommen Sachen, die gut, gesund und teuer sind, dann wollen sie das nicht. Für Hunde ist es am besten, wenn .... und dann kommt ein langer Sermon, was Menschen denken, was für Hunde am besten ist, weil der Wissenschaftler XY hat ja auch bewiesen, dass .... Deshalb bleibt das jetzt so lange stehen, bis der Hund es frisst.

Wenn jemand so was zu mir sagt, bin ich immer froh, dass ich bei diesem Menschen weder zum Essen eingeladen werde, noch meine Ernährung von ihm abhängig ist. Etwas nicht zu mögen ist sehr oft gleichbedeutend damit, dass man es nicht verträgt. Das gilt besonders und vor allem für Menschen und Hunde, die sich gesund ernähren. Aber weil XY bewiesen hat und weil das Futter teuer ist, MUSS der Hund es fressen? Wie arrogant und ignorant ist das denn?

Uns erscheinen solche Dinge oft lächerlich und unwichtig, ich vermute allerdings, dass sie für die Hunde enorm wichtig sind. Denn wenn einem Hund alles und jedes vorgeschrieben wird, womöglich sogar noch Körperkontakt, dann ist er eigentlich nur noch ein lebendiges Knutschkissen, das keinen eigenen Willen zu haben hat. Hunde mit einem starken Willen werden lebenslang versuchen, ihren Willen wenigstens hin und wieder durchzusetzen, und ich kann Ihnen versichern: Sie schaffen es, wenn sie bei freundlichen Menschen gelandet sind. Wenn sie bei Menschen leben, die sehr darauf achten, die Chefs zu sein und zu bleiben, haben sie kein gutes Leben. Sanfte, nachgiebige Hunde leiden dafür lebenslang und man nimmt ihnen auf Dauer jeden Lebensmut. Man erkennt sie auf der Straße daran, dass sie still und stumm neben ihren Menschen herschleichen, meistens am Halsband mit kurzer Leine, nicht mal den Versuch machen, irgendwo zu schnüffeln und tote, leblose Augen haben. Ein Bild zum Heulen.

Hunde, die selbstbewusst sind und ihre Bedürfnisse ausleben dürfen, werden in der Regel am Brustgeschirr und ausreichend langer Leine geführt, so dass sie möglichst ohne Beeinträchtigung einfach mal stehen bleiben und schnüffeln oder Pippi machen können. Ihre Menschen warten, bis sie fertig sind, und drängen sie nicht. Die Hunde machen einen entspannten und fröhlichen Eindruck - und so sollte es sein. Sie werden auch nicht über volle Marktplätze oder durch nervige Einkaufszentren geschleppt, außer sie machen das tatsächlich gerne. Ihnen wird so oft und so viel wie möglich die Wahl gelassen, ob sie etwas möchten oder nicht. Sie werden gefragt. Und wenn sie „nein" sagen, dann wird das auch akzeptiert.

Ein wichtiger Punkt wird von Menschen, die ihre Hunde durchorganisiert und durchkommandiert durchs Leben führen, immer vergessen: die eigene Abhängigkeit von Kommandos und Richtlinien, die wir dem Hund aufs Auge drücken, und die unglaubliche Verantwortung, die auf uns lastet, wenn das unsere Grundlage im Leben mit Hunden ist. Wer alles und jedes im Leben seines Hundes regelt, der vergisst vermutlich, dass er dann auch gefälligst immer zu 100% anwesend zu sein hat, wenn der Hund in eine für ihn schwierige Situation gerät. Das muss ja nicht immer gleich was Hochdramatisches sein, das können sehr einfache Dinge sein. Beispiel: der Hund muss immer „Sitz" machen, wenn ihm sein Essen hingestellt wird und erst auf Anweisung darf er an seinen Napf gehen. Und jetzt stellen Sie sich vor, Sie geben ihn mal für ein paar Tage bei Bekannten ab und vergessen, denen das zu sagen, weil es zuhause total selbstverständlich ist. Bei einem sehr sanften und folgsamen Hund kann es passieren, dass der sich nicht traut zu fressen. Habe ich geschrieben: Es muss nicht was Hochdramatisches sein? So eine „Kleinigkeit" ist hochdramatisch! Versetzen Sie sich einfach in die Situation Ihrer Pelznase und dann sollte Ihnen klar sein, wie schlimm das ist. Er hat Hunger, er bekommt Essen hingestellt, aber er darf es nicht nehmen.

Damit Sie nicht glauben, dass ich da keine persönlichen Erfahrungen habe, hier eine nicht so ganz erfreuliche Situation mit meinem Fritzi. Der Fritzi war ein Kromi und wie Kromis eben so sind: Er wollte ALLES richtig machen. Ich bereitete mich zu diesem Zeitpunkt auf die Begleithundeprüfung (VDH) vor. Das würde ich heute niemandem mehr empfehlen. Mir wurde felsenfest eingetrichtert, dass er nie, nie, niemals von alleine aufstehen dürfe, wenn ich „ihn ins „Platz" gelegt" hatte. Allein die Wortwahl spricht schon Bände. Wir waren im Urlaub in Dänemark und machten einen wunderschönen langen Strandspaziergang mit Picknick. Für mich eine tolle Gelegenheit sofort mit meinem armen Hund „Abliegen" zu üben. Also bekam der das Kommando „Platz", er legte sich brav hin und wir machten gemütlich Picknick. Nach ca. 20 Minuten wollten wir aufbrechen. Mein armer, kleiner Fritzi stand nicht auf und sah uns mit großen Augen an, als wir weggehen wollten. Der wäre tatsächlich liegen geblieben!!!! Allein schon die Absurdität, von einem Hund in einer solchen Situation, in der man ja eine - angeblich - gemütliche Pause machen möchte, so ein albernes Kommando zu verlangen! Wann braucht man das denn in der Realität? Und dann - typisch Mensch - auch noch zu vergessen, ihm nach 20 Minuten zu sagen, dass es jetzt gut ist! Zwanzig Minuten lag der arme Kerl da und dachte dann auch noch, wir lassen ihn allein zurück. Denn das ist ja der Zweck der Übung: Ich donnere meinem Hund „Platz" um die Ohren und gehe einfach weiter. Wozu?

42. Mein kleiner Fritzi – irgendwann gings ohne Dauerkommandos.

Während ich das schreibe, wird mir ganz schlecht. Und ich bin sehr froh, dass ich dann doch nach geraumer Zeit verstanden habe, dass diese Art von „Erziehung" nichts mit Erziehung, dafür umso mehr mit Tyrannei zu tun hat. Abgesehen davon war die Verantwortung, die ich mir durch dieses Durchkommandieren aufgehalst hatte, unglaublich groß. Mein lieber Fritzi hätte nie im Leben irgendetwas unternommen, von dem er überzeugt gewesen wäre, dass ich das nicht will. Möchten Sie sich selber in so einer Situation befinden? Ich nicht. Ich möchte das auch nicht von meinen Hunden. Ich möchte, dass sie „Nein" sagen können, und ich habe damit klar zu kommen.

Was hat das in einem Buch über jagende Hunde zu suchen? Ganz einfach. Es gibt jede Menge „Antijagdtraining" oder Jagdersatztraining, bei dem die Hunde nie gefragt werden, was sie denn wirklich machen möchten. Es wird ihnen ein Ersatz aufgedrängt, den sie vielleicht ganz gut finden, aber das was sie am liebsten machen würden, das wird weggedrückt.

Zumindest wird es versucht. Viele Menschen denken, wenn ich meinen Hund nur genug motiviere, dann gefällt ihm das schon. Ein typischer TrainerInnensatz lautet: Du musst deinen Hund richtig motivieren.

Ach ja? Ich habe den dringenden Verdacht, dass manche KollegInnen und HundehalterInnen ein paar Begriffe durcheinanderbringen. Denn einen Hund solange zu bedrängen, bis er in Gottes Namen eben macht, was ich möchte, hat weniger damit zu tun, dass er jetzt „motiviert" ist, sondern mehr damit, dass ich ihn solange manipuliere und einfach nicht in Ruhe lasse, bis er resigniert. Motivation versus Manipulation - darüber sollten alle mal nachdenken, die sich so gerne und so häufig über mangelnde Motivation ihrer Pelznase beschweren.

Gerade im Hundesport sind Hunde einem dermaßen extremen Motivationsmarathon ausgesetzt, dass es einfach nur gruselig ist. Damit der zukünftige Deutsche Meister Agility auch ganz sicher und schnell die Hindernisse überwindet, die er eigentlich nicht mag, wird zur „Belohnung" im Anschluss z.B. ein wildes Ballspiel angeboten. Vielleicht möchte dieser Hund aber nicht über die A-Wand düsen, weil er Skelettprobleme hat? Und glauben Sie nicht, dass so was übertrieben ist. In meiner aktiven Zeit in Hundesportvereinen habe ich noch ganz andere Sachen erlebt.

43. Gestresster „hochmotivierter" Border Collie wartet beim Agilityturnier auf seinen Einsatz.

Natürlich kann ich meinen Hund an etwas heranführen und ausprobieren, ob es uns Spaß macht. Aber das hat nichts mit „Motivation" zu tun. Die Motivation muss der Hund schon von sich aus zeigen, denn wenn ihn etwas nicht interessiert, interessiert es ihn eben nicht. Apportieren, Mantrailing, Fährte, was auch immer wir unseren Hunden anbieten, ist letztendlich kein wirklicher Ersatz für Jagen. Es ist eine schöne Ergänzung und Entwicklung der hundlichen Talente. Aber die großartigste Verlorensuche entschädigt einen jagdbegeisterten Hund nicht, wenn er nicht mal Wild anzeigen, geschweige, dass er mal eine Fährte ausarbeiten oder seinen Menschen z.B. zu den Resten eines Risses führen darf.

Wenn wir unserem Hund tatsächlich gerecht werden wollen und feststellen, dass er ein begeisterter Jäger mit einem ganz bestimmten Talent ist, dann müssen wir alles Erdenkliche tun, ihm das Ausleben dieses Talentes zu ermöglichen.

11. Bin noch nicht fertig!

Zu welcher Sorte Mensch gehören Sie? Sind Sie leicht abzulenken, und wenn Sie bei irgendwas unterbrochen werden, sehen Sie das nicht so tragisch? Oder sind Sie leicht abzulenken und an vielen Dingen interessiert, aber wenn Sie bei bestimmten Dingen mal dabei sind, dann würden Sie das auch gerne zu Ende bringen? Oder sind Sie so wie ich? Nicht so leicht abzulenken und unter Umständen sehr, sehr unfreundlich, wenn mich jemand bei etwas unterbricht, das mir wichtig ist?

Egal zu welcher Gruppe Mensch Sie gehören, die meisten von uns mögen das gar nicht, wenn Sie sich auf etwas konzentrieren und jemand anders kommt daher und erwartet in Nullkommanix, dass man das sein lässt und sich gefälligst mit dem befasst, was er uns vorschlägt - oder besser: vorschreibt. Das finden wir zumindest unhöflich und respektlos. Was denkt der denn, wer er ist? Das ist übrigens ein häufiges Streitthema in Beziehungen: Der eine denkt, der andere könnte doch schnell mal, so ganz nebenbei.... aber der andere sieht das ganz, ganz anders, denn das was er gerade tut, ist ihm wichtig.

So, und jetzt wieder zu den Hunden.

Arco freut sich schon den ganzen Morgen auf den Spaziergang, er weiß, dass Lilly läufig ist, da muss er genau klären, wie weit sie damit ist, damit er den entscheidenden Moment nicht verpasst. Dann könnte sein, dass der Nachbarskater wieder unterwegs ist, das sollte man dem mal austreiben. Und zwei Straßen weiter sind neue Leute eingezogen, die haben vermutlich auch Hunde, jedenfalls riecht es nach neuen Hunden und da möchte er mal nachsehen ....

Nichts von alledem kann Arco aber tatsächlich klären, denn sein Mensch hat keine Zeit oder den Kopf voll mit was auch immer. Für den Hundespaziergang wird eine bestimmte Zeit anberaumt, wie für eine wichtige Zoomkonferenz, die wird exakt eingehalten, das wird auch flott durchgezogen, denn Arco soll sich bewegen und Herrchen auch, die Zeit muss effektiv genutzt werden. Da sind so Controllettiaktionen nicht drin. Also wird Arco immer sofort und unwiderruflich von seinen Schnüffeleien weggeholt, wenn er nicht schnell genug mitkommt, wird auch an der

Leine gezogen. Wo kämen wir denn da hin, wenn der da stundenlang rumschüffelt? Kommen wir ja nie weiter. Vielleicht sieht sein Mensch auch gar nicht, was Arco vorhat. Er läuft einfach weiter, und weil Arco an der Leine hängt, wird er eben mitgeschleift.

Übertrieben? Leider nicht. Manchmal, wenn ich in Templin am Markt bin und Menschen mit ihren Hunden zusehe, dann beobachte ich genau solche Dinge. Eine besonders schlimme Begegnung war folgende: ich stand mit Kunden an deren Auto, weil wir einen kleinen Stadtspaziergang machen wollten. Die Hunde waren noch im Auto, die Klappe war offen, so dass sie sehen konnten, was da rundum passiert. Während ich noch meinen Kunden erklärte, wie das jetzt gleich ablaufen würde, sah ich auf der gegenüberliegenden Straßenseite drei Menschen auf Fahrrädern vorbeifahren: 2 Kinder und die Mutter, an der ein kleiner Münsterländer hing, ich kann es nicht anders beschreiben. Sie zerrte ihn regelrecht mit, denn die drei hatten ein ordentliches Tempo vorgelegt. Jetzt musste dieser arme Kerl aber mal sein großes Geschäft erledigen. Und der Druck war so groß und sein Drama wurde überhaupt nicht bemerkt, so dass er versuchte, beim Laufen zu kacken. Manchmal ist die Verbindung von meinem Hirn zum Mund sehr, sehr kurz, und ehe ich meine Kunden warnen konnte, brüllte ich über die Straße:
„Verdammt, bleiben Sie stehen, der muss scheißen!"

Und siehe da, es wirkte. Die Dame blieb tatsächlich stehen und wartete, bis er sein Geschäft erledigt hatte. Blöderweise wurde sie dabei nicht nur von uns, sondern auch von anderen Passanten beobachtet, also musste sie auch noch alles wegräumen. Anschließend beschimpfte sie mich noch, weil ich so ein grausiges Wort in Gegenwart ihrer Kinder benutzt hatte. Welche Art von Umgang mit Hunden die Kinder bei so einer Mutter lernen, wollen wir lieber gar nicht so genau wissen.

Zugegeben, das ist ein extremes Beispiel. Aber wenn Sie aufmerksam andere Menschen mit Hunden und auch sich selber beobachten, dann werden Sie zu dem Schluss kommen, dass Bellos Interessen für viele Menschen nicht sooo wichtig sind, und deshalb kann er jetzt wirklich damit aufhören und mitkommen. Und dann wundern wir uns, wenn unsere Hunde nicht in der Lage sind, sich zu konzentrieren, wenn sie an der Leine ziehen wie nix Gutes und unausgeglichen und nervös sind.

Als unser kleiner Maxl zu uns kam, konnte er sich auf überhaupt nichts konzentrieren. Wenn ich zehn Leckerchen auf den Boden warf, nahm er im besten Fall zwei oder drei, dann wollte er sofort weiter rennen. Es dauerte einige Monate, bis er verstanden hatte, dass es sich lohnt, da ein bisschen genauer zu sein. Und jetzt ist es ganz normal, dass er in aller Ruhe erstmal alles gründlich absucht und erst weitergeht, wenn der letzte Krümel inhaliert ist. Und ich warte in der Zwischenzeit auf ihn, und alle anderen, die mit uns spazieren gehen, müssen ebenfalls warten.

Ganz dramatisch ist es aber, wenn ein Hund seine Umgebung nicht ausreichend erkunden kann, wenn er spannende Fährten nicht wirklich untersuchen und niemals eine Fährte ansatzweise ausarbeiten darf. Bei manchen Rassen ist das fast tierschutzrelevant.

Stellen Sie sich einen Beagle vor. Das sind wunderbare Hunde, die zu Hause einfach nur nett und lieb sind, aber draußen ist ein Beagle eine Nase mit Hund hinten dran. Damit kann man sehr gut klarkommen, denn Beagle sind Meutehunde und sie finden es toll, wenn wir mit ihnen das machen, was sie am großartigsten finden: Irgendetwas suchen, egal ob es die Nachbarskatze ist oder ein Futterdummy oder der Hase, der gerade durchgehoppelt ist oder ein Mensch beim Trailen oder, oder, oder.... wie gesagt: Nase mit Hund hinten dran. Und bis er sich orientiert hat und fertig ist mit dem nasenmäßigen Einscannen der Situation, das kann schon mal dauern. In der Zeit ist dieser Hund nicht ansprechbar. Das wurde über tausende von Generationen durch Zucht verstärkt. Und jetzt kommen wir und finden, so wichtig ist das alles nicht, was unser Beaglechen da gerade erkundet, und ziehen ihn weiter. Oder versuchen ihn abzurufen, was vermutlich nicht klappen wird. Mensch ist also frustriert und Hund auch. Na toll.

Selbst wenn wir nur eine bestimmte Zeit zur Verfügung haben, können wir die doch im Sinne unserer Hunde nutzen und sie das, was sie so spannend und interessant finden, einfach fertig machen lassen. So wie Sie gerne die Zeitung in Ruhe nach dem Frühstück lesen wollen oder das Buch, das gerade superspannend ist, oder die Arbeit, bei der Sie richtig drin sind ... Was glauben Sie, wie sehr ich mich freue, wenn ich hier schreibe, es läuft richtig gut, und mein Mann will was von mir?

Nur weil wir Menschen die Möglichkeit haben, einen Hund an der Ausübung seiner Interessen zu hindern, haben wir noch lange nicht das Recht, das auch zu tun. Wir sollten uns wirklich klar machen, dass ein Hund, der nie etwas fertig machen darf, seinen Frust mitnimmt, in jede einzelne Situation seines Lebens. Aber ein Hund, der einfach solange schnüffeln darf, bis er weiß, wo der Hase entlanggelaufen ist, der so lange suchen darf, bis alle Hundeguttis inhaliert sind, der - auch wichtig - solange etwas anschauen darf, bis er weiß, wie er es einschätzen muss, so ein Hund tut sich viel, viel leichter, wenn er tatsächlich mal etwas unterbrechen soll, weil es jetzt notwendig und wichtig ist. Denn selbst wenn die großartigsten Spuren vom benachbarten Damhirschrudel auf der Straße zu sehen sind, müssen meine Hunde einfach mit mir die Straße räumen, wenn ein Holzlaster daherkommt. Und weil sie im Normalfall eben ihre Angelegenheiten in ihrem Tempo erledigen können, haben sie damit dann auch kein Problem.

Menschen und Hunde sind sich sehr ähnlich, so ähnlich, dass sie sich gegenseitig die Sozialpartner ersetzen können. Das ist uns mit keiner anderen Art möglich. Viele unserer Bedürfnisse können wir 1:1 auf Hunde übertragen, bzw. viele hundliche Bedürfnisse können wir gut nachvollziehen und Parallelen im eigenen Leben finden. Und dazu gehört, dass man Dinge, die man angefangen hat, auch zu Ende bringen möchte.

Bei allen Spaziergängen, egal ob bei Hundewanderungen, bei Einzeltrainings mit Kundenhunden oder bei den Spaziergängen mit meinen Hunden gibt es eine eiserne Regel, die alle zu befolgen haben: Egal wer stehenbleibt, es bleiben alle stehen - ohne Ausnahme. Und egal wie lange der Hund - oder Mensch - für seine begonnene Aktion braucht, alle - ohne Ausnahme - warten so lange, bis er fertig ist. Natürlich kann ich in extremen Situationen, wenn ich das deutliche Gefühl habe, dass hier etwas meinen Hund überfordert, ihn freundlich ansprechen und ihn aus der Situation herausholen. Aber das gilt sicher nicht für hundliche Bedürfnisse wie kacken und pinkeln, Spuren am Straßenrand erkunden und interessante Fährten untersuchen. Ein Hund, der nie seinen Interessen nachgehen kann, der seine Bedürfnisse immer zurückstellen muss, der nichts fertig machen darf, kann kein glücklicher Hund sein. Denn seine Interessen und Bedürfnisse sind nichts wert, also ist er selber in den Augen seiner Menschen auch nichts wert.

Wer das einmal begriffen hat, kann seinen Hund nicht mehr weiter drängen und weiterziehen, als seien die Zombies hinter ihm her. Wir reden hier von Alltagssituationen, in denen wir nicht reagieren müssen, wie beim Bombenangriff. Und diese Situationen machen nach wie vor ca. 99 % unseres Lebens aus.

12. War früher vieles besser?

1979 kam meine erste Hündin zu mir. Ich gehörte zu den wenigen Menschen im Ort, die ihren Hund an der Straße an der Leine führten, zwar am Halsband und mit kurzer Leine, das war damals so, aber immerhin lief sie an der Leine und war abgesichert. Deswegen wurde ich oft angesprochen, was denn mit mir los sei, warum die Hündin immer an der Leine sei, das sei doch nicht gut für einen Hund, und sie müsse doch lernen, mit dem Straßenverkehr gut umzugehen. Wenn ich erklärte, dass ich sie nur an befahrenen Straßen anleinte, fanden trotzdem viele, dass ich übertreibe. Einige rieten mir sogar, ihr einfach morgens die Tür zu öffnen und sie rauszulassen, weil das Hunde doch so wollen, die wollen doch allein unterwegs sein.

Als ich sie bei der Gemeinde anmelden wollte, war sie ca. 3 Monate alt. Der zuständige Sachbearbeiter meinte, das sei viel zu früh, schließlich wisse man ja nicht, ob sie überhaupt das erste Jahr überleben werde. Es war ganz normal, dass Hunde in ihrem ersten Lebensjahr überfahren wurden, denn die meisten Hunde waren ohne Leine unterwegs, und zwar egal ob sie allein oder mit ihren Menschen spazieren gingen.

Mittlerweile befassen sich viele Verhaltensforscher mit freilebenden Hunden in der Welt, also in Rumänien, Spanien, Indien, Afrika.... denn ca. 70 % der weltweiten Hundepopulation lebt so ähnlich, wie es vor 43 Jahren auch in Schliersee in Oberbayern - und vermutlich auch in Deutschland generell - noch normal war: zum größten Teil selbstbestimmt und ohne Leine. Versuchen Sie mal, so was heute irgendwo in Deutschland zu propagieren, Sie werden angeschaut, als hätten Sie nicht alle Latten am Zaun.

Meine Hündin lief damals außer an Straßen überall frei: im Wald, auf allen Wiesen, auf unseren Bergtouren, bei Ausflügen nach München in den Parks, einfach überall, wo kein Verkehr war, so wie die meisten anderen Hunde auch. Die Tageszeit war mir vollkommen egal, auch in der Dämmerung oder nachts konnte ich sie von der Leine lassen. Probleme mit ihren jagdlichen Interessen? Null. Logisch hopste sie mal, vor allem als sie noch jung war, ein paar Meter hinter einem Reh oder Hasen her, aber in der Regel kümmerte sie sich nicht weiter darum. Schließlich hatte sie von klein auf gelernt, damit klar zu kommen. Wir wohnten am Waldrand und mindestens einmal täglich waren wir im Wald.

Das änderte sich ein kleines bisschen, als ich meinen Mann kennenlernte, der eine Dackelhündin aus jagdlicher Leistungszucht hatte. Diese kleine Dame war ein Wunder an jagdlicher Effektivität und mein Mann ein Wunder im Erkennen, wann man Hunde an die Leine nehmen muss: Seine Susi zeigte ihm das ganz deutlich oder er roch es selber oder er bekam eine Botschaft vom Universum, keine Ahnung, ich habe es damals nicht verstanden, ich wusste nur, dass er immer recht hatte, wenn er sagte: Hunde anleinen. Dann kamen die Hunde für ein paar hundert Meter an die Leine und anschließend liefen sie wieder frei.

Heute wäre das undenkbar. Zum einen gibt es jede Menge Hunde aus jagdlicher Leistungszucht in Privathand, das war damals die absolute Ausnahme. Mein Mann hatte Susi aus 3. Hand, sonst hätte er als Nichtjäger niemals so einen Hund bekommen. Heute hat jeder, dem Jagdhunde gefallen, einen Hochleistungshund zuhause, mit dessen Bedürfnissen er kaum klarkommt.

Zum anderen waren viele Jäger nicht so verrückt. In Schliersee hat ein Jäger, den ich persönlich gut kannte, fünf Jahre lang mehrmals im Monat einen Beagle nach Hause gebracht, der sich im Wald herumtrieb. Als er ihn tatsächlich mal erwischte, wie er ein Nest mit jungen Hasen zerlegte, hat er ihn erschossen. Heute ebenfalls undenkbar, dieser Hund würde die erste freie Begegnung mit einem Jäger nicht überleben. Aber das war auch ein Bauer, dessen Familie seit Jahrzehnten die Jagd in einem bestimmten Gebiet hatte, da wurde nur geschossen, was man brauchte, da ging's nicht um Trophäen.

Auch der Nachfolger unserer beiden Mädchen, ein Altdeutscher Hütehund, lief außer an befahrenen Straßen immer frei. Bei ihm war das mit Wild ebenfalls kein Problem. Die Kromis, die anschließend bei uns einzogen, lernten ebenfalls von Anfang an, dass Wild eben dazugehört. Gut, unsere kleine Loni wäre dann im Alter von sieben Jahren doch fast aktive Jägerin geworden, aber wir waren - zu Recht - davon überzeugt, dass wir das schon in den Griff bekommen.

Seit einigen Jahren stelle ich aber fest, dass dieses Thema – hundliches

Interesse an Wild – ein immer größeres Thema wird. Nicht nur bei Hunden wie meiner Indiana, die jagen zum Nahrungserwerb gelernt haben, und auch nicht nur bei Hunden aus jagdlicher Leistungszucht, da könnte man das alles noch verstehen und nachvollziehen. Sondern bei ganz normalen Couchpotatoes, für die das früher nie ein derartig wichtiges Thema war. Was war also früher anders, dass die Hunde nicht bei jeder halbwegs frischen Spur oder bei Anblick von Wild sofort durchgedreht sind?

Als erstes fällt mir ein, dass aus jagdlichen Ambitionen von Hunden nicht so ein Drama gemacht wurde. Wenn jemand einen Münsterländer als Familienhund mit geringem jagdlichem Interesse gezüchtet und verkauft hätte, hätte das niemand für möglich gehalten. Münsterländer gab es ganz einfach nur für Jäger. Dass andere Hunde auch gerne mal losziehen und hinter Rehen und Hasen her sind, war normal und wurde einfach akzeptiert. Aber gegolten hat – und das hat zum großen Teil auch funktioniert –, wenn man seinen Hund frei laufen lässt, dann lernt er schon damit umzugehen, weil er ja nichts erwischt. Und wenn er abgedüst ist, der Süße, dann wird er schon wieder kommen. Man hat seine Jacke dahin gelegt, wo er verschwunden war, und hat nach ein paar Stunden nachgesehen. In den meisten Fällen lag er dann dort. Natürlich wurden Hunde in solchen Fällen erschossen oder überfahren, aber das war das Risiko, das man einging.

Wenn heute ein Hund die Nachbarkatze oder einen Hasen auf dem Feld mit etwas erhöhtem Interesse betrachtet, sehen die meisten Menschen schon ein Problem im Anzug. Wenn ein Hund mal abhaut, geht fast die Welt unter. Aber auf der anderen Seite sind viele Menschen nicht dazu bereit, ihren Hund an Schleppleinen zu führen. Denn dass Hunde den größten Teil ihrer Spaziergänge an der Leine absolvieren müssen, ist in unserer hektischen, überbevölkerten Welt eben so. Das werden wir so schnell aber nicht ändern. Dafür wird ein dermaßen übertriebener Wert auf den sogenannten „Grundgehorsam" gelegt, dass ich mich oft wundere, dass nicht mehr Hunde ausflippen.

An der Leine laufen bedeutet für viele Hunde ein dauerhaftes „Bei-Fuß"-Gehen", wenn der Hund irgendwo schnüffeln oder etwas genau ansehen und untersuchen möchte, wird das in vielen Fällen sofort unterbunden, denn es könnte ja weiß Gott welche Katastrophe lauern. Im Gegenzug dazu leinen manche Menschen ihre Hunde überhaupt nicht mehr an und kümmern sich entweder nicht darum, was die Hunde unterwegs so machen, oder zwingen sie an eine „virtuelle" Leine, d.h. der Hund befindet sich im Dauerkommandostress, weil er sich nur in einem bestimmten Umkreis um seinen Menschen bewegen darf ... Egal wo man hinsieht, es ist manchmal wirklich gruselig, wie Hunde bei uns leben und was alles mit ihnen angestellt wird. So vieles, was Menschen nicht selber erreichen oder sich nicht erlauben, wird versucht über die Hunde zu erreichen, z.B. Ausstellungs- oder Sporterfolge. Manche Hunde bekommen „Freiheiten", die sie so gar nicht wollen. Wenn Menschen sich in ihrem Leben eingesperrt fühlen, versuchen sie oft, ihren Hunden, die Freiheiten zu geben, die sie selber gerne hätten, z.B. den ganzen Tag auf der Couch liegen oder eben überall ohne Leine laufen ... Wir leben in einer verrückten Welt und ich habe manchmal das Gefühl, dass die Hunde oft nicht verstehen, warum das alles so verdreht und kompliziert läuft.

Deshalb frage ich mich, ob zu Zeiten, in denen ein Hund sein erstes Lebensjahr unter Umständen überhaupt nicht erreicht hat, trotzdem die Welt für die Hunde überschaubarer und einfacher war. Sicher gab es damals grauenhafte Haltungen, aber die gibt es heute auch. Nach wie vor erreichen uns Anfragen für die Ferienwohnungen, ob auch Zwinger für die Hunde auf unserem Gelände sind. Und wie viele Hunde müssen Tag für Tag sieben, acht Stunden und länger alleine zu Hause warten, bis endlich mal jemand heimkommt? Wie viele Hunde haben massive Probleme mit ihrer Umwelt, weil sie entweder im falschen Umfeld leben oder weil sie nicht richtig verstanden werden oder weil die Probleme von Anfang an regelrecht erzeugt werden? Wie viele Hunde leiden körperlich und seelisch unter dem Sportwahn ihrer Menschen und müssen dafür sorgen, dass genügend Pokale im Schrank stehen und Urkunden an der Wand hängen? Und wie vielen Hunden wird schlechte Bindung, Respektlosigkeit, Ungehorsam, Aufsässigkeit und was weiß ich noch alles unterstellt, nur weil sie ab und zu auch mal ihr Ding machen und ab und zu mal nachsehen wollen, wo die Rehe hingelaufen sind und wo sich die Katze versteckt hat?

Es hat sich auch vieles zum Guten verändert. Das müssen wir uns immer wieder bewusst machen. Umso wichtiger ist es, weiter daran zu arbeiten, dass Hunde ein einigermaßen hundegerechtes Leben führen können. Und dazu gehört eben, dass wir ihre Interessen berücksichtigen und ihre Talente fördern und schätzen.

13. Was noch zu sagen bleibt ...

Vielleicht denken Sie jetzt, dass ich die einzige TrainerIn bin, die so vorgeht. Weit gefehlt – Gott sei Dank. Seit ungefähr zehn Jahren findet im deutschsprachigen Raum ein Umdenken statt, nicht nur was den Umgang mit Hunden betrifft, da ist die Diskussion schon sehr viel länger im Gange. Nein, wenn es um das Jagdverhalten unserer Hunde geht. Immer mehr Hundeschulen sind – wie ich – an den gängigen Methoden verzweifelt, auch an den gewaltfreien. Weil der Erfolg sehr, sehr begrenzt ist.

Also habe ich – und unabhängig von mir noch andere KollegInnen - angefangen, einfach das zu tun, was wir im „normalen" Training auch machen. So wie ich es beschrieben habe, haben wir unsere Hunde für das gelobt und gefeiert, was sie tun: Hundliches Jagdverhalten zeigen. Und siehe da, alles wurde auf einmal viel, viel einfacher.

Auf einer Fortbildung vor vielleicht 6 oder 7 Jahren erzählte eine Wiener Kollegin von einer neuen Art, mit jagdlich interessierten Hunden zu arbeiten. Sie war vollkommen begeistert von einer Kollegin namens Ulli Reichmann. Eine befreundete Kollegin, die neben mir saß, und ich sahen uns irritiert an und sagten: das machen wir schon lange so. Um es kurz zu machen: wir machten es nicht so, aber es ging sehr deutlich in diese Richtung. Allerdings bin ich davon überzeugt, dass an Ulli Reichmann niemand vorbeikommt, der sich mit der Thematik befasst.

Was mich daran begeistert: über tausend Kilometer entfernt von mir entwickelt jemand ähnliche Ideen zu diesem Thema wie ich und meine Kollegin aus Thüringen. Die Tatsache, dass TrainerInnen, die wirklich gewaltfrei mit Hunden umgehen, fast zeitgleich angefangen haben, ganz neue Ideen und Herangehensweisen zu entwickeln, die uns auf unserem Weg mit Hunden weiterbringen und – am allerwichtigsten – uns helfen, die Talente und Besonderheiten unserer Hunde gebührend zu würdigen und anzuerkennen, ist einfach umwerfend.

Vielleicht denken in fünfzig Jahren Hundemenschen voller Verwunderung an die Zeiten zurück, in denen Hunde nur gemaßregelt wurden, in denen ihnen so gut wie alles verboten wurde, was einen Hund ausmacht, in der sie viel zu viel Gewalt und Ungerechtigkeit erlebt haben. Denn ich gebe die Hoffnung nicht auf, dass wir unsere geliebten Pelznasen immer besser verstehen und ihnen immer besser gerecht werden. Letztendlich tun wir uns selber damit einen großen Gefallen. Denn nur wenn wir anderen die Freiheit geben, die sie brauchen, bekommen auch wir die Freiheit, die für ein gutes Leben erforderlich ist.

Erinnern Sie sich? Am Anfang habe ich geschrieben, dass ich lange Zeit der Meinung war, ich könnte zu diesem Thema maximal 10 Seiten zu Papier bringen. Jetzt sind es deutlich mehr geworden und es könnten noch mehr werden. Denn je länger sich man sich mit dem Thema „Hunde und ihre Jagdbegeisterung" beschäftigt, umso mehr erfährt man über sie, umso mehr Themen erschließen sich uns, umso mehr erfährt man auch über die Tiere des Waldes ... Umso größer ist unsere Bereicherung.

Manche Dinge habe ich bewusst kurz gehalten oder auch gar nicht geschrieben. Warum auch? Selbst wenn dieses Buch 1.000 Seiten hätte, gäbe es immer noch was, was nicht drinsteht. Und letztendlich sind Sie selber gefordert. Wenn Sie bis hierher gelesen haben und ich Sie neugierig gemacht habe, dann fangen Sie doch einfach an. Probieren Sie sich aus, spazieren Sie mit ihrem Hund durch die Wälder und Parks, über Wiesen, an Waldrändern und Flussufern entlang, legen Sie Pausen mit ihm ein, verfolgen Sie die eine oder andere Fährte, machen Sie ausgiebige Pausen an schönen Stellen, nehmen Sie den Erfolgsdruck raus, genießen Sie das Leben mit Ihrem Hund. Versuchen Sie es einfach, Sie können nichts falsch machen. Wenn Sie sich langsam und behutsam damit auseinandersetzen, wenn Sie daran denken, dass wir niemanden, keine Katze, kein Reh, keinen Dachs belästigen und stören wollen, dann schaden Sie niemandem, aber sich und Ihrem Bello tun Sie den größten Gefallen, den Sie sich und ihm tun können: Sie gehen zusammen auf die Jagd.

In diesem Sinne wünsche ich Ihnen viel Erfolg und viel Freude am Zusammenleben mit Ihrem Vierbeiner.

Danke schön!

Auch bei diesem Buch haben mir wieder viele Menschen zur Seite gestanden, bei denen ich mich ganz herzlich für ihre Unterstützung bedanken möchte.

Wie immer haben Inga Hauser, als Trainerin im Ullihundenetzwerk sehr kompetent und konstruktiv, und Andreas Schenz, als „Laie", der die Verständlichkeit testen musste, gelesen, korrigiert und für gut befunden, was ich hier zu Papier gebracht habe.

Franz Sonnenstatter, mein Freund aus alten Zeiten, hat sich wieder hervorragend um das Layout und die unkomplizierte Weitergabe an die Druckerei gekündigt. Was täte ich ohne ihn?

Nicole Huber, die ich aus meiner Ausbildungszeit bei animal learn kenne, hat mir ihre Kenntnisse als Lektorin zur Verfügung gestellt, die komplizierten und „ich-weiß-ja,was-gemeint-ist"-Sätze in vernünftiges Deutsch verwandelt. Wer ihre Dienste in Anspruch nehmen möchte, dem ich kann sie mit gutem Gewissen weiterempfehlen: www.http://rechtsuebersetzungen-huber.de

Bei allen Kunden, die immer wieder nachgefragt haben, wann dieses Buch jetzt endlich fertig ist, möchte ich mich für ihre Ausdauer und ihre Geduld bedanken, und dafür, dass sie nicht locker gelassen haben. Denn vor ca. zwei Jahren habe ich mit dem Schreiben angefangen, naja, geht halt nicht immer so, wie man es sich denkt.

Bei Barbara Bohnekamp, Rainer Witzel und Tobias Kleine bedanke ich mich für die schönen Fotos.

Ganz besonders herzlich bedanke ich mich bei Ulli Reichmann für ihr wunderbares Vorwort. Als ich sie gebeten hatte, mir eins zu schreiben, war ich noch sehr euphorisch. Aber im Laufe der Zeit war mir dann doch ein bisschen mulmig, ob ich die Grande Dame des neues Jagdtraings so verwegen um diese Gefälligkeit bitten darf. Vielen Dank, liebe Ulli, für dein großes Lob. Ich weiß es zu würdigen.

Und natürlich bin ich unglaublich dankbar, dass mein Mann Ernst Wagner-Rott mich bei allen meinen Arbeiten unterstützt, geduldig wartet, wenn ich die 93. Wolfslosung und 27. Riss fotografieren und untersuchen muss. Er hat's nicht immer leicht mit mir. So was muss man schon mögen.

Aber schließlich und endlich gilt mein größter Dank allen vierbeinigen Freunden, die mir so viel gezeigt haben und immer noch zeigen. Ganz besonders bei Indiana und Maxl, meinen geliebten Pelznasen, die mir geduldig und ausdauernd wieder und wieder zeigen, wie großartig das Leben mit jagdbegeisterten Hunden sein kann.

Bildnachweis

Folgende Bilder wurden mir freundlicherweise zur Verfügung gestellt:
„21. Dachs, aufgenommen mit der Wildkamera hinter unserem Hundeplatz", Rainer Witzel, Metzelthin
„27. Vorderfuss und Hinterfuss eines Wolfes gefunden ca. 100 Meter Luftlinie neben unserem Anwesen im Wald", Tobias Kleine
„36. Fischadler im Anflug auf seinen Horst", Barbara Bohnekamp, Berlin
„44. Dachs", Tobias Kleine

alle anderen Fotos: Ute Rott

Literaturempfehlungen

Wege zur Freundschaft ... eine Liebeserklärung an jagende Hunde, Ulli Reichmann, Books on Demand

Alltagswege zur Freundschaft ... vom Zusammenleben mit (außer)-gewöhnlichen Hunden, Ulli Reichmann, Books on Demand

Auf kleinen dicken Pfoten ... Welpenwege zur Freundschaft, Ulli Reichmann, Books on Demand

Wege zur Freundschaft – Das Praxisbuch, Ulli Reichmann, animal learn Verlag

Sei mein Scout – Was Hunde über Wildtiere wissen und wie wir von ihnen lernen können, Ulli Reichmann, animal learn Verlag

Spurensuche – Nasenarbeit Schritt für Schritt, Ann Lill Kvam, animal learn Verlag

Das – unerwünschte – Jagdverhalten der Hunde,Clarissa von Reinhardt, animal learn Verlag

Zur Autorin

Ute Rott lebt mit ihrem Mann und ihrem Hunden seit 2005 in Metzelthin in der Uckermark. Dort betreibt sie eine Hundeschule und vermietet Ferienwohnungen und Stellplätze fur Reisemobile an Menschen mit Hunden. Die Ausbildung zur Hundetrainerin hat sie 2005 bei animal learn in Bernau am Chiemsee erfolgreich abgeschlossen. Sie ist Miglied im Fachkreis Gewaltfreies Hundetraining. Ihre Spezialgebiete sind: gewaltfreies Training zum Grundgehorsam, Verhaltensberatung und Verhaltenstherapie bei auffalligen Hunden, Mantrailing und Ernährung.

Weitere Bücher im PhiloCanis Verlag:

Ute Rott
Wohl bekomm's!
Dein Hund isst, was er frisst
ISBN 978-3-9818-3070-5
eBook:
ISBN 978-3-9818 3077-4

Ute Rott
Herzlich willkommen
Ein Hund kommt ins Haus
ISBN 978-3-9818-3071-2
eBook:
ISBN 978-3-9818-3072-9

PhiloCanis Verlag
Metzelthin 22
17268 Templin
mail: ute.rott@yahoo.com
www.forsthaus-metzelthin.de

Ute Rott
Mantrailing
Praktische Anleitung
(nicht nur) für Anfänger
ISBN 978-3-9818-3073-6
eBook:
ISBN 978-3-9818-3074-3

Ute Rott
Mensch, mach langsam!
Wenn Hunde an der Leine ziehen,
weil Menschen keine Zeit haben
ISBN 978-3-9818-3075-0
eBook:
ISBN 978-3-9818-3076-7

PhiloCanis Verlag
Metzelthin 22
17268 Templin
mail: ute.rott@yahoo.com
www.forsthaus-metzelthin.de

Ute Rott
Darf ich bitten?
Das 1x1 des freundlichen Rückrufs
ISBN 978-3-9818-3078-1
eBook:
ISBN 978-3-9818-3079-8

PhiloCanis Verlag
Metzelthin 22
17268 Templin
mail: ute.rott@yahoo.com
www.forsthaus-metzelthin.de

Ute Rott
Hütehunde in Deutschland
Entwicklung
vom Mittelalter bis heute
ISBN 978-3-9485-4800-1
eBook:
ISBN 978-3-9485-4801-8

Ute Rott
als ich hier ankam
Gedichte
ISBN 978-3-9485-4802-5
eBook:
ISBN 978-3-9485-4803-2

PhiloCanis Verlag
Metzelthin 22
17268 Templin
mail: ute.rott@yahoo.com
www.forsthaus-metzelthin.de